JN434310

모델링 학습과 함께하는

천문 활동

태양계 천체의 궤도 운동

| 최승언 · 양슬기 · 박신희 · 가석현 공저 |

교육과학사

들어가기

우리나라의 초·중등 과학교육과정 중에서 천문 학습과 관련된 내용을 살펴보면, 대부분 태양계를 이루는 천체들의 운동을 지구의 관측자가 관측했을 때 나타나는 여러 천문 현상들에 대해 다루고 있다. 여기서 태양계를 이루는 천체들은 우리가 맨눈으로 주로 관측할 수 있는 금성, 화성, 목성, 토성과 같은 행성과 지구의 위성인 달을 의미한다. 소망원경을 이용하면 목성의 4개의 위성인 이오, 유로파, 가니메데, 칼리스토와 토성의 위성인 타이탄의 시간에 따른 위치 변화를 관측할 수 있다. 태양계에서 관측할 수 있는 여러 천문 현상에는 달과 관련하여

1. 시간에 따른 달의 위상 변화
2. 달의 위상에 따른 남중 시각의 변화
3. 계절에 따라 달라지는 달의 위상에 따른 별자리 위치
4. 일식이나 월식 현상
5. 시간에 따른 달의 크기 변화

등이 있으며, 행성과 관련하여

1. 천구상에서 별과 행성의 위치 변화
2. 행성의 역행 현상
3. 천구상에서 태양 위치에 대한 행성의 상대 위치 변화
4. 소망원경을 이용한 행성의 위성들의 운동

등이 있다. 우리 태양계와 관련된 이러한 자연 현상을 설명하기 위해서는 태양계 행성들과 위성들의 운동을 설명할 수 있는 모델이 필요하다. 이러한 모델을 구성하기 위하여 '화성의 겉보기 운동' 자료와 '금성의 위상 변화' 자료를 이용한 태양계 행성들의 운동을 설명하는 모델 구성 학습과 '달의 위상변화' 자료와 '일식과 월식' 자료를 이용한 달의 운

동 모델 구성 학습이 선행되는 것이 바람직하다. 이러한 모델 구성 수업이 선행되어야 적어도 학생들은 태양계 내의 행성들과 위성들의 운동에 대해 모천체(행성들은 태양을 중심으로, 위성들은 행성을 중심으로)를 중심으로 하는 공전 운동하는 모델을 제안하고, 이 모델을 갖고 여러 천문 현상들을 설명하고 예측하리라 기대한다.

이 책의 모든 활동은 "질문이 이어지는 천문 실험 활동(2016, 교육과학사)"에서 주어지는 활동을 현장 교실에서 모델의 적용 측면에서 구체화한 것이다. 그러기에 내용, 그림, 자료 등이 학습의 연결 측면에서 부분적으로 중복될 수밖에 없다. 이 책의 집필과 관련하여 중요한 점은 실제 현장에서 과학 모델링 학습을 수행하면서 중요하게 고려되는 과학하기 과정(process of doing science)을 수록하려고 한 점이다.

저자 일동

목 차

첫 번째

지구에서 달까지의 거리는 어떻게 구할 수 있을까?

삼각측량이란?

지구에서 달까지의 거리처럼 두 지점 사이의 거리가 너무 멀어 직접 구하기 힘들 때, 거리를 구하는 방법에는 어떤 것들이 있을까?

우리는 한 변의 길이와 그 양 끝 각의 크기를 알 때 삼각형을 그릴 수 있다.

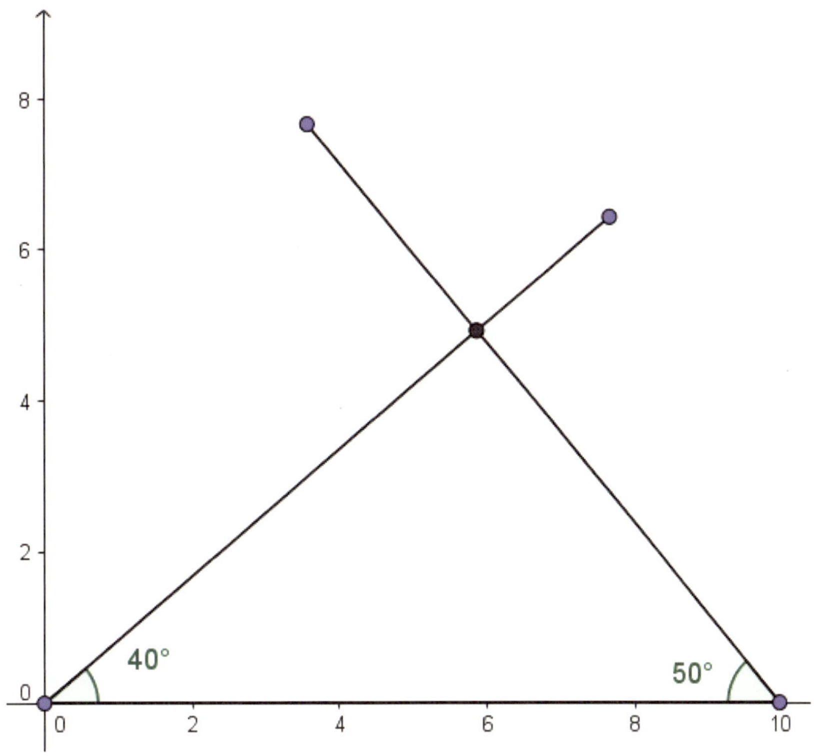

❙그림 1-1❙ 삼각형 그리기

❙그림 1-1❙은 밑변의 길이가 10cm이고, 그 양 끝 각의 크기가 각각 40°, 50°인 삼각형이라 가정할 때, 이 삼각형의 높이를 자로 재어보면 약 4.92cm이다. 이 때, 비례식을 활용한다면 이 삼각형과 닮음인 훨씬 큰 삼각형의 높이도 쉽게 구할 수 있다. 예를 들어 이 삼각형과 닮음인 밑변이 1000m인 삼각형의 높이는 약 492m인 것이다.

10cm : 4.92cm=1000m : 492m

이와 같은 아이디어는 '삼각측량(triangulation)'과 관련이 있다. 앞으로 우리는 삼각측량의 아이디어를 활용하여 지구와 달까지의 거리를 구해 볼 것이다. 삼각측량법을 활용하면 측정 가능한 다른 두 점 사이의 거리, 삼각형의 내각과 같은 정보를 가지고 삼각법을 적용하여 구하고자 하는 거리를 쉽게 구할 수 있다. 특히 위 삼각형의 경우에는 삼각함수를 모르더라도 자와 각도기만을 이용하여 훌륭한 값을 얻을 수 있다.

삼각측량에 대해 좀 더 알아보자. ▌그림 1-2▐ 에서 A지점은 거리를 측정하기 어려운 지역에 있고, B와 C지점은 둘 사이의 거리를 측정할 수 있다고 가정해 보자. 주어진 정보를 가지고 점 A와 선분 BC 사이의 최소 거리 d를 아래와 같은 방법으로 구할 수 있다.

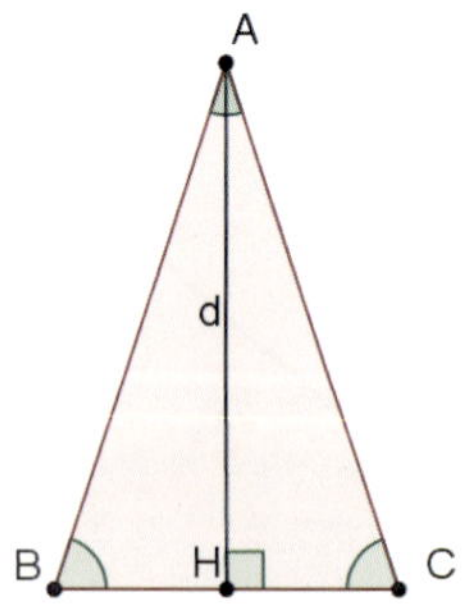

▌그림 1-2▐ 삼각측량

$$\tan \angle B = \frac{d}{\overline{BH}}$$

$$\therefore d = \tan \angle B \times \overline{BH}$$

밤하늘의 별을 바라보면 대개 작은 점의 형태로 보인다. 왜 그런 것일까? 그 이유는 바로 '시차(視差)'와 관련이 있다. 시차란 동일한 점을 두 개의 관측지점에서 보았을 때의 방향의 차, 즉 두 방향 사이의 각도를 말한다.

지금 바로 시차를 경험해보자. 한 쪽 팔을 쭉 뻗은 다음 엄지손가락을 위로 뻗어보자. 그 다음 오른쪽 눈을 감고 왼쪽 눈으로만 엄지손가락을 본 다음, 반대로 왼쪽 눈을 감고 오른쪽 눈으로만 엄지손가락을 바라보자. 어떠한가? 마치 엄지손가락이

좌우로 이동하는 것처럼 보일 것이다. 이게 바로 시차에 의한 것이다. 엄지손가락을 점점 우리 눈에 가까이 대보며 한쪽 눈으로 번갈아가며 바라보면 엄지손가락이 좌우로 더 많이 움직이는 것처럼 느껴질 것이다. 반대로 멀리 떨어질수록 그 차이가 작게 느껴질 것이다. 별이 우리 눈에 점처럼 보이는 이유는 별까지의 거리가 너무 멀어 우리 눈이 분해할 수 없기 때문이다. 우리 눈에 무엇인가가 보이는 경우는 우리 눈이 분해해서 볼 수 있을 때이다. 또한, 현미경과 망원경은 바로 이 '시차'를 높여주는 도구이다.

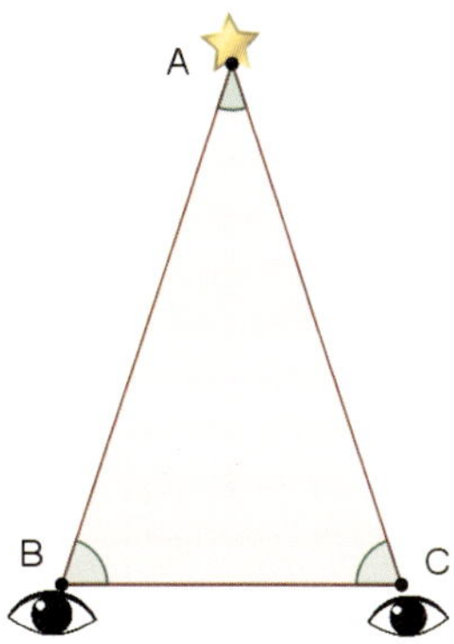

┃그림 1-3┃ 시차

┃그림 1-3┃에서 설명해보면 시차는 두 관측지점인 양쪽 눈에서 동일한 점, 즉 별을 보았을 때의 생기는 각도, 즉 $\angle A$의 크기를 말한다. 밤하늘의 별은 너무 멀리 떨어져 있어서 별빛이 거의 평행하기 때문에 시차가 거의 0에 가깝다. 즉 맨눈으로 구별하기가 어렵다. 또한 삼각측량을 이용하기 어렵다는 의미이기도 하다.

$$\angle B \rightarrow 90°, \angle C \rightarrow 90° \Rightarrow \angle A \rightarrow 0°$$

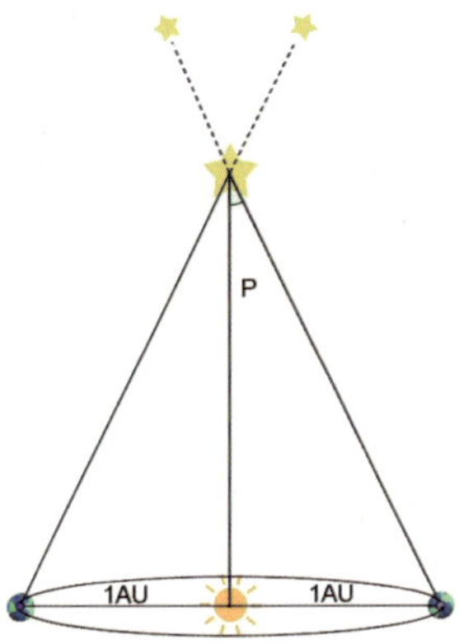

| 그림 1-4 | 연주시차

'연주시차(年周視差)'의 개념을 활용한다면 삼각측량의 방법을 이용하여 거리를 측정할 수 있다. 지구 공전에 의해 1년을 주기로 시차가 생기기 때문에 '연주(年周)'라는 말이 붙는다. 지구에서 태양까지의 거리를 1AU라 하고, 그 값을 149,600,000km 라고 알고 있기 때문에 연주시차를 구하면 별까지의 거리를 구할 수 있다.

라디안이란?

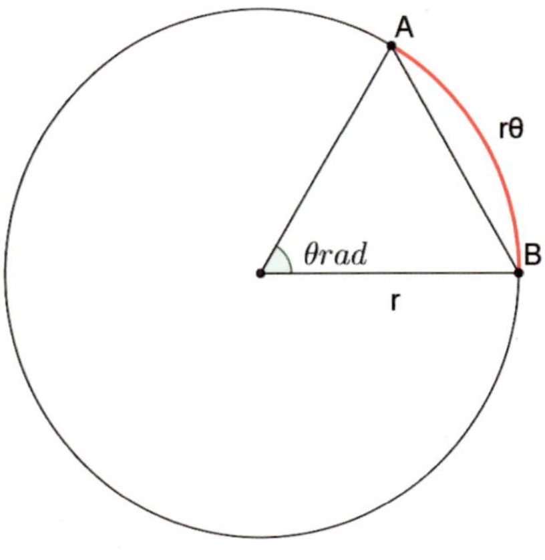

| 그림 1-5 | 라디안

우리가 지구에서 달까지의 거리를 구하는 데에 라디안(radian)에 대해 이해하면 많은 도움이 된다. 라디안의 정의는 다음과 같이 할 수 있다. 반지름의 길이가 r인 원 위에 반지름과 같은 길이의 호를 잡으면 이 호에 대한 중심각의 크기가 바로 1라디안이다.

$$\ell = r\theta = r$$
$$\therefore\ \theta = 1\ radian$$

호도법에 대한 이해가 없더라도 비례식을 활용하여 1라디안 값을 구할 수 있다.

$$2\pi\ rad = 360°$$
$$\therefore 1\ rad = \frac{360°}{2\pi} = \frac{180°}{\pi} \approx 57.3°$$
$$1° = \frac{2\pi}{360} = \frac{\pi}{180} \approx \frac{1}{57.3}\ rad$$

▌그림 1-5▐ 에서 θ의 값이 매우 작을 때, 호의 길이는 선분 $\overline{AB}$의 길이와 거의 같다고 볼 수 있다.

$$\theta \to 0 \Rightarrow \ell \to \overline{AB}$$

우리 눈에서 밤하늘의 달이나 별까지의 거리는 매우 멀어 시차(θ)의 값이 매우 작으므로 앞으로 $\ell = \overline{AB}$라고 생각하고 문제를 해결하자. 즉, $\therefore\ \overline{AB} = r\theta$ 식을 활용하여 달의 시직경을 구해볼 것이다.

시직경이란?

시직경이란 각지름이라고도 하는데, 지구의 관측자가 본 천체의 겉보기 지름을 뜻한다. 30cm자만 있으면 시직경을 구할 수 있다.

오른손에 자를 들고 오른팔을 쭉 뻗은 상태에서 멀리 떨어져 있는 벽시계의 지름을 재었더니 1cm가 나왔다고 가정해보자.

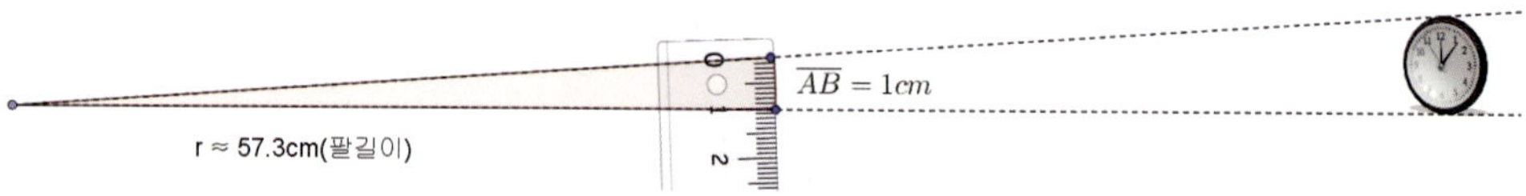

┃그림 1-6┃ 시직경 관측

앞서 구한 식 $\overline{AB}=r\theta$에서 우리 관측자의 팔 길이를 r, 자로 잰 거리를 $\overline{AB}$에 대입할 것이다. 인간의 팔 길이는 사람마다 제각기 다르겠지만 계산의 편의를 위하여 약 57.3cm라고 하자. 그러면 다음과 같은 식을 구할 수 있다.

$$\overline{AB} = r\theta$$
$$1cm = 57.3cm \times \theta$$
$$\theta = \frac{1}{57.3} rad \approx 1^\circ$$

여기서 이 θ값이 시직경이다. 즉 팔을 쭉 뻗었을 때(r=57.3cm) 물체의 지름($\overline{AB}$)이 1cm이면, 시직경(θ)이 1°인 것이다. 1cm일 때, 시직경이 1°이므로 0.5cm일 때는 시직경이 0.5°, 0.3cm일 때는 0.3°이다. 이제 우리는 30cm자만 있다면 시직경을 쉽게 구할 수 있다. 이 방법으로 달의 시직경을 구하면 0.5°이다.

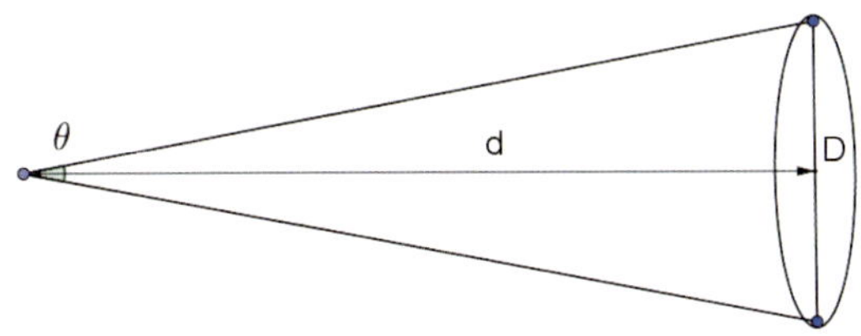

┃그림 1-7┃ 시직경

┃그림 1-7┃과 같이 시직경과 거리를 알면 실제 직경을 구할 수 있다. 즉, $d \cdot \theta = D$에 d값과 θ값을 넣으면 D값을 구할 수 있다. 태양의 시직경과 지구와 태양까지의 거리를 넣어 태양의 실제 직경을 구해보자.

태양의 시직경이 약 $0.5°$, 이를 라디안으로 고쳐주면 $\theta = 0.5° \times \frac{\pi}{180}$이다.

지구에서 태양까지의 거리 d=$1AU \approx 1.5 \times 10^8$km 이므로 이를 $d \cdot \theta = D$에 대입하고 반경을 구하기 위해 2로 나눠주면 태양의 반경은 다음과 같다.

$$\frac{D}{2} = 1.5 \times 10^8\text{km} \times 0.5° \times \frac{\pi}{180} \div 2 \approx 650{,}000\text{km}$$

태양의 실제 시직경은 $0.5°$보다 조금 크기에 실제 태양의 반경은 대략 700,000km 정도가 된다.

반대로, $d \cdot \theta = D$에서 θ값과 D값을 알면 d값을 구할 수 있다. 우리는 지구에서 달까지의 거리(d)를 구하기 위해 달의 시직경(θ)과 달의 직경(D)을 알아야 한다. 달의 시직경은 $0.5°$로 알고 있다. 달의 직경은 어떻게 구할까?

자료의 활용

┃그림 1-8┃의 사진은 2009년 7월 22일 부분일식 사진이다. 일식이란 태양이 달에 의해 가려지는 현상이다. 이 사진을 보고 무엇을 알아낼 수 있을까 잠시 생각해보자.

┃그림 1-8┃ 2009년 7월 22일 부분일식

우리는 일식 사진을 통해 달과 태양의 시직경이 비슷하다는 사실을 알 수 있다.

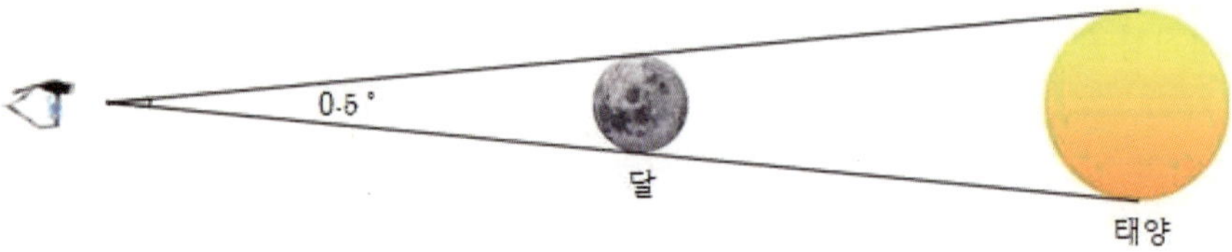

┃그림 1-9┃ 태양과 달의 시직경

┃그림 1-10┃의 사진은 2006년에서 2008년 사이에 일어난 월식을 이용하여 만든 것이다.[1)] 월식이란 지구의 그림자에 의해 달이 가려지는 현상이다. 30cm 자를 이용하여 ┃그림 1-10┃에서의 지구 그림자의 직경이 달의 직경의 몇 배인지 구해보자.

┃그림 1-10┃ 2006~2008년 사이의 월식 모음

이 때, 여러 번 측정해보는 것이 중요하다. 측정에는 항상 오차가 있으므로 여러 번 측정해서 평균을 내보는 것이 좋다. ┃그림 1-10┃에서 측정한 달의 직경 $x_{달}$은 약 1.8cm, 지구 그림자의 직경 $x_{지구그림자}$는 약 4.9cm이다.[2)] 지구 그림자의 시직경 $\theta_{지구그림자}$는 다음과 같이 구할 수 있다.

$$\frac{x_{지구그림자}}{x_{달}} = \frac{\theta_{지구그림자}}{\theta_{달}}$$

$$\frac{4.9cm}{1.8cm} \approx 2.72 \approx \frac{\theta_{지구그림자}}{\theta_{달}}$$

$$\theta_{지구그림자} = \theta_{달} \times 2.72$$

1) http://apod.nasa.gov/apod/ap130425.html
2) 책의 이미지에서 측정하면 책에 주어진 값과 다를 수 있다. 그러나 달의 직경 측정값과 지구 그림자 측정값 사이의 비(ratio)는 같다.

필요한 가정

태양과 지구 사이의 거리를 1.5×10^8km 값으로 이미 안다고 가정하고 활용하겠다.

모델의 활용

지구에서 달까지의 거리를 구하기 위해 월식 모델을 이용할 것이다.

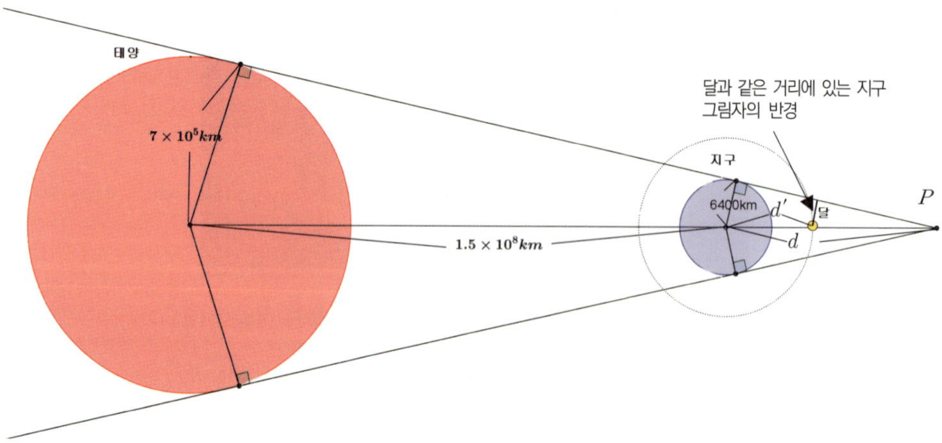

┃그림 1–11┃ 월식 모델

┃그림 1–11┃의 월식 모델에서 도형의 닮음과 비례식을 사용하여 지구에서 달까지의 거리를 구할 수 있는 관계식을 구해보자.

계산의 편의를 위해 태양의 반경을 7×10^5km, 지구의 반경을 6,400km, 태양에서 지구까지의 거리를 1.5×10^8km, 지구에서 달까지의 거리를 d', 태양과 지구의 두 공통 외접선의 교점 P에서 지구까지의 거리를 d라 하겠다. 먼저 d값을 구하기 위해 점 P와 태양의 반경, 점 P와 지구의 반경이 이루는 삼각형은 서로 닮음임을 이용하자.

$$\frac{d+1.5\times10^8}{7\times10^5}=\frac{d}{6400}$$

$$d\left(\frac{1}{6400}-\frac{1}{7\times10^5}\right)=\frac{1.5\times10^8}{7\times10^5}$$

$$\therefore\ d\approx1.38\times10^6km$$

달의 반경은

$$\frac{D_{달}}{2}=\left(d'\times0.5°\times\frac{\pi}{180}\right)\times\frac{1}{2}$$

이며, **❙그림 1-10❙**의 월식 사진에서 달과 같은 거리에 있는 지구 그림자의 직경은 달의 직경의 약 2.72배 이므로 달과 같은 거리에 있는 지구 그림자의 반경을 구해보면

$$\frac{D_{지구그림자}}{2}=\frac{D_{달}}{2}\times2.72=\frac{2.72\pi}{720}\times d'$$

이다.

지구에서 달까지의 거리 d'을 구하기 위해 도형의 닮음과 비례식을 한 번 더 사용하겠다. 이번에는 점 P와 지구의 반경이 이루는 삼각형과 점 P와 달과 같은 거리에 있는 지구 그림자의 반경이 이루는 삼각형의 관계식이다.

$$d:\frac{D_{지구}}{2}=d-d':\frac{D_{지구그림자}}{2}$$

$$\frac{d}{6,400}=\frac{d-d'}{\frac{2.72\pi}{720}\times d'}$$

$$\frac{1.38\times10^6}{6,400}=\frac{1.38\times10^6-d'}{\frac{2.72\pi}{720}\times d'}$$

$$\therefore\ d'\approx3.87\times10^5\text{km}$$

지구에서 달까지의 거리 d'를 구하였더니 약 3.87×10^5km가 나왔다. 실제 지구에서 달까지의 거리는 약 384,400km이다. 계산의 편의상 근사값을 사용했음에도 불구하고 실제와 비슷한 값이 나왔다. 놀랍지 아니한가?

지구에서 달까지의 거리를 구하는 과정을 정리해보자.

- **필요한 가정:** 우리가 지구에서 달까지의 거리를 구하는 데에 직접 구하지 않고 유일하게 안다고 가정한 값이 있었다. 바로 태양과 지구 사이의 거리를 1.5×10^8km 값이라고 가정하였다.
- **필요한 지식:** 삼각측량, 시차, 시직경에 대한 이해와 라디안의 정의, 도형의 닮음, 비례식, 계산기의 사용법 등과 같은 수학적 지식이다.
- **탐구 활동:** 자를 이용한 직접 '관측'을 통해 달의 시직경(약 0.5°)을 얻었다.
- **자료의 활용:** 일식사진을 통해서 태양의 시직경과 달의 시직경이 비슷하다라는 사실을 유추하였고, 월식사진을 통해서 달과 같은 거리에 있는 지구 그림자의 시직경이 달의 시직경의 약 2.72배라는 사실을 알 수 있었다.
- **모델의 활용:** 구체적으로 지구에서 달까지의 거리를 구하기 위해 월식 모델을 '설명하는 모델'로 가져왔다.

우리의 다음 질문은 지구에서 달까지의 거리를 구하는 데 직접 구하지 않고 아는 값이라고 가정하고 활용한 '지구에서 태양까지의 거리'이다. 지구에서 태양까지의 거리는 어떤 아이디어로 구할 수 있을까?

두 번째

지구에서 태양까지의 거리는 어떻게 구할 수 있을까?

과거의 과학자들은 어떻게 구했을까?

헬리혜성의 이름은 영국의 천문학자 에드먼드 핼리(Edmond Halley, 1656.11. 8.~1742.1.14.)의 이름에서 유래한 것이다. 에드먼드 핼리는 금성의 태양면 통과를 지구상의 두 지점에서 관측하면 태양과 지구 사이의 거리를 알 수 있다고 생각했다. ❙그림 2-1❙은 2012년 6월 6일 금성의 태양면 통과를 관측한 결과이다.

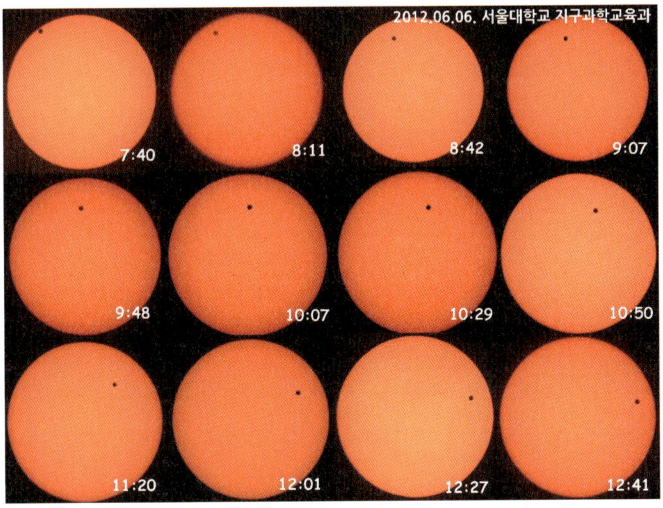

❙그림 2-1❙ 2012년 금성의 태양면 통과

필요한 가정

지구에서 태양까지의 거리를 구하기 위해 다음의 2가지를 안다고 가정하겠다.

① 지구와 금성의 공전 궤도는 원이다.

② 지구에서 태양까지의 거리를 d_{ES}, 태양에서 금성까지의 거리를 d_{SV}, 지구에서 금성까지의 거리를 d_{EV}라고 할 때 아래와 같은 관계식이 성립한다.

$$\frac{d_{SV}}{d_{ES}} = 0.723, \quad \frac{d_{EV}}{d_{ES}} = 0.277$$

이 두 가정을 통해 지구의 어느 지점에서도 지구에서 태양까지의 거리에 대한 금성에서 태양까지의 거리의 비가 0.723 값으로 일정하다고 가정할 수 있다.

자료의 활용

에드먼드 핼리가 금성의 태양면 통과 관측을 통해 태양과 지구 사이의 거리를 알 수 있다고 생각한 것처럼 우리도 금성의 태양면 통과 사진을 이용하여 태양과 지구 사이의 거리를 구할 것이다.

가장 최근의 금성의 태양면 통과는 2012년 6월 5일에서 6월 6일에 발생하였는데, 다음에 발생할 가장 가까운 금성의 태양면 통과일은 2117년 12월 10일~11일이라고 한다.

❙그림 2-2❙의 사진은 2012년 금성의 일면통과 때에 노르웨이의 스발바르(Svalbard, 북위 78°)와 호주의 캔버라(Canberra, 남위 35°)지역에서 동시에 관측된 궤적을 합쳐 그린 사진이다.[3] 노르웨이의 스발바르에서 호주의 캔버라까지는 약 11,600km 떨어져 있다.

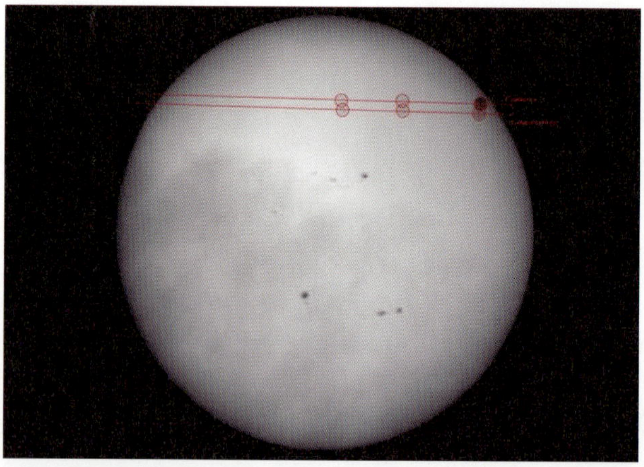

❙그림 2-2❙ 지구상의 서로 다른 지점에서 관측한 금성 일면통과

3) http://beforeitsnews.com/space/2012/09/planet-transiting-our-sun-filmed-from-two-different-observatories-shows-perspective-in-viewing-our-solar-system-2446864.html

※ 앞의 사진을 보고 직접 구해보자.[4] (준비물: 30cm 자)

1. 위 사진에서 태양의 직경을 자로 재어 구해보면 약 5.4cm이다.
2. 위 사진에서 두 궤적의 간격을 자로 재어 구해보면 약 0.11cm이다.
3. 태양의 시직경이 0.5°라는 사실을 이용하여 두 궤적 간 간격의 각 지름을 구하면 다음과 같다.

$$\frac{0.11cm}{5.4cm} \times 0.5° \cong 0.01°$$

모델의 활용

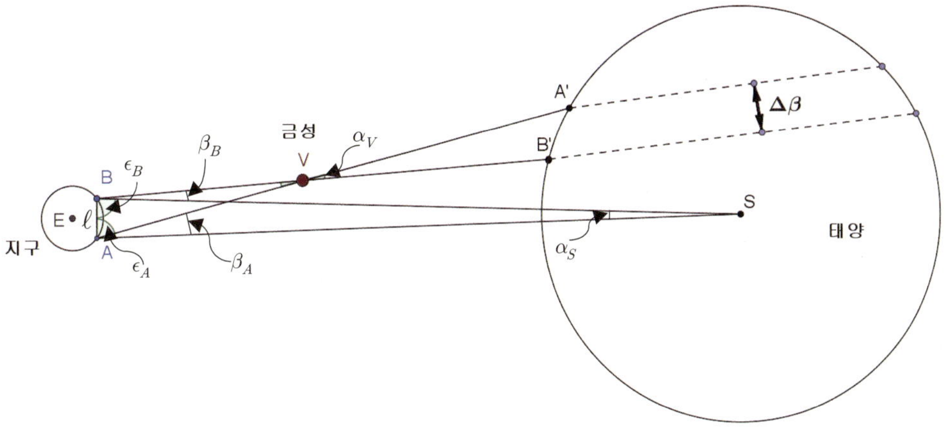

그림 2-3 금성의 태양면 통과 모델

그림 2-3 에서 지구의 중심을 점 E, 금성을 점 V, 태양의 중심을 점 S라 하자.
지구상의 A지점에서 금성을 바라보았을 때 태양에 맺힌 지점을 A',
지구상의 B지점에서 금성을 바라보았을 때 태양에 맺힌 지점을 B',
지구상의 A, B 지점 간 거리가 ℓ이며,

4) 책의 이미지에서 측정하면 책에 주어진 값과 다를 수 있다. 그러나 두 궤적 간격 측정값과 태양의 직경 측정값 사이의 비(ratio)는 같다.

지구상의 A, B지점과 태양의 중심 S가 이루는 각을 α_S,

지구상의 A, B지점과 금성 V가 이루는 각을 α_V,

$\triangle ABS$에서 $\angle SBA = \epsilon_B, \ \angle SAB = \epsilon_A$,

태양의 중심에 대해 B지점에서 금성을 바라보았을 때 생기는 각을 β_B,

태양의 중심에 대해 A지점에서 금성을 바라보았을 때 생기는 각을 β_A라 하면,

▌그림 2-2▐ 에서 서로 다른 두 지점 A, B에서 관측된 금성의 각거리 $\Delta\beta = \beta_A - \beta_B$이다.

$\triangle ABV$에서 $(\epsilon_B + \beta_B) + (\epsilon_A - \beta_A) + \alpha_V = 180°$ ………………… ①

$\triangle ABS$에서 $\epsilon_B + \epsilon_A + \alpha_S = 180°$ ……………………………………… ②

① - ②: $\beta_B - \beta_A + \alpha_V - \alpha_S = 0$

$\beta_A - \beta_B = \alpha_V - \alpha_S = \Delta\beta$ ………………………………… ③

한편, $d_{EV} \times \alpha_V = \ell$, $d_{ES} \times \alpha_S = \ell$이므로 이를 ③에 대입하면

$$\frac{\ell}{d_{EV}} - \frac{\ell}{d_{ES}} = \Delta\beta$$

$$\ell\left(\frac{1}{d_{EV}} - \frac{1}{d_{ES}}\right) = \Delta\beta$$

$\dfrac{\ell}{d_{EV}}\left(\dfrac{d_{ES} - d_{EV}}{d_{ES}}\right) = \Delta\beta$ 이고, $d_{ES} - d_{EV} = d_{SV}$이므로

$$\frac{\ell}{\Delta\beta}\left(\frac{d_{SV}}{d_{ES}}\right) = d_{EV} \quad \text{……… ④}$$

▌그림 2-2▐ 에서 $\ell = 11{,}600\text{km}$ 이며, 두 궤적 간 간격의 각거리가 $\Delta\beta$이므로 $\Delta\beta \cong 0.01°$이다.

또한 이미 안다고 가정했던 $\dfrac{d_{SV}}{d_{ES}} = 0.723$, $\dfrac{d_{EV}}{d_{ES}} = 0.277$ 값을 ④에 대입하면

$$\frac{11{,}600\text{km}}{0.01^\circ}(0.723) = d_{EV} = 0.277 d_{ES}$$

$$d_{ES} = \frac{0.723}{0.277} \times \frac{11{,}600\text{km}}{0.01 \times \frac{\pi}{180}} \fallingdotseq 1.74 \times 10^8\text{km}$$

$$\therefore\ d_{ES} \fallingdotseq 1.74 \times 10^8\text{km}$$

지구에서 태양까지의 거리 d_{ES}를 구하였더니 약 1.74×10^8km가 나왔다. 실제 지구에서 태양까지의 거리는 약 1.496×10^8km이며, 이 값을 1AU라고 한다.

지구에서 태양까지의 거리를 구하는 과정을 정리해보자.

- **필요한 가정:** 지구와 금성의 공전 궤도는 원이며, $\frac{d_{SV}}{d_{ES}} = 0.723$, $\frac{d_{EV}}{d_{ES}} = 0.277$의 값을 이미 알고 있다고 가정하고 활용하였다.
- **필요한 지식:** 지구에서 태양까지의 거리를 구하는 데에 사용된 수학적 지식은 삼각형 내각의 크기의 합이 180°, 라디안 등이다.
- **탐구 활동:** 자를 이용하여 2012년 금성의 일면통과 사진에서 태양의 직경과 서로 다른 두 지점에서 관측된 금성 궤도의 간격을 자로 측정하였다.
- **자료의 활용:** 2012년 노르웨이와 호주에서 관측한 금성의 일면통과 관측 사진을 통해 두 지점에서 관측된 시차효과의 각거리 $\Delta\beta \cong 0.01°$라는 사실과, 노르웨이와 호주간의 거리 $\ell = 11{,}600$km 값을 활용하였다.
- **모델의 활용:** 금성의 일면통과 모델을 활용하였다.

우리가 안다고 가정하였던 지구의 공전궤도와 금성의 공전궤도가 정말 원이 맞는지, 태양에서 지구와 금성까지의 거리의 비가 정말 1:0.723이 맞는지 다음 질문에서 확인해봐야 하지 않겠는가.

우선 금성의 궤도부터 원인지 확인해보자. 앞으로는 스프레드시트 프로그램을 증명에 활용할 것이다.

세 번째

금성의 공전궤도는 원인가?

필요한 가정

금성의 공전궤도가 원 궤도인지 증명하기 위하여 지구의 공전궤도가 원이라고 가정하고 스프레드시트를 이용하여 증명할 것이다.

이각이란?

이각이란 어떤 천체가 태양으로부터 떨어져 이룬 각을 의미한다. ❙그림 3-1❙에서 금성의 이각은 지구의 관측자를 중심으로 관측자-태양, 관측자-금성이 이루는 각 즉 금성과 태양 사이의 각거리를 이각(elongation)이라고 한다. 북반구를 기준으로 한 ❙그림 3-1❙에서 이각은 금성이 태양의 동쪽에 있기 때문에 동방이각이라고 하며, 이각이 최대가 될 때 최대이각이라고 한다. 최대이각이 되는 경우는 금성이 태양에서 가장 멀리 떨어져 보일 때를 가리키므로 지구-금성-태양이 이루는 각이 직각이 될 때이다(❙그림 3-2❙ 참고). 이 때 최대이각을 θ_M이라 하면 다음과 같은 식이 성립한다.

$$\sin\theta_M = \frac{d_{SV}}{d_{ES}} = 0.723$$

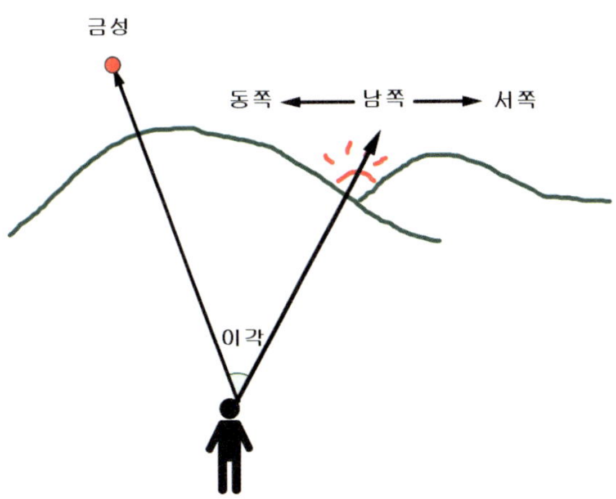

❙그림 3-1❙ 이각

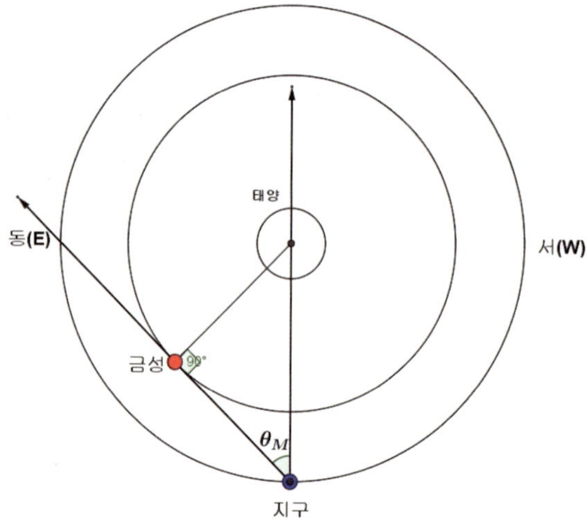

▌그림 3-2▐ 최대이각

사용할 데이터

〈표 3-1〉의 금성의 최대이각 데이터는 [천문 역서]를 통하여 얻은 것이다. 이 데이터는 스프레드시트에 입력하여 다룰 것이다. 천구의 북쪽에서 내려다봤을 때, 행성의 공전방향(반시계방향)을 양의 방향(+)으로 하므로 나중에 스프레드 시트에 표의 데이터 값을 입력할 때 동방최대이각 값을 (+)값으로, 서방최대이각을 (−)값으로 입력한다.

〈표 3-1〉 금성의 최대이각 자료

날짜	최대이각	날짜	최대이각
1983-06-15	45 E	1987-01-15	47 W
1983-11-04	47 W	1988-04-02	46 E
1985-01-21	47 E	1988-08-22	46 W
1985-06-12	46 W	1989-11-08	47 E
1986-08-26	46 E	1990-03-30	46 W

스프레드시트에 이용할 수식

❙그림 3-3❙은 〈표 3-1〉의 1983년 11월 4일의 금성의 최대이각 자료를 이용하여 나타낸 것이다.

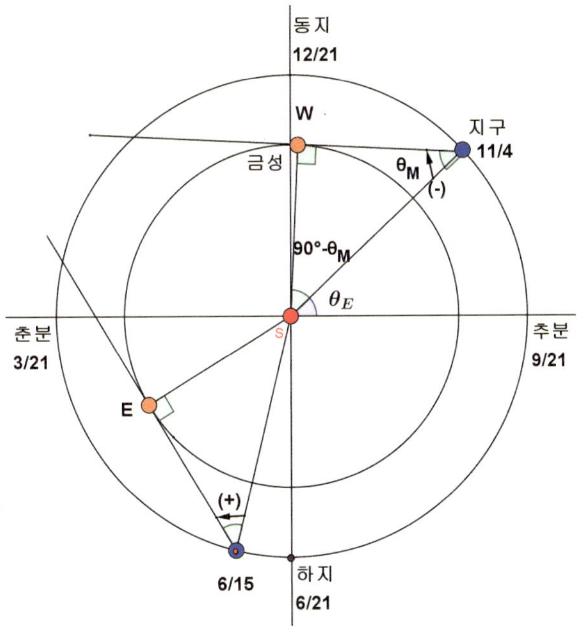

❙그림 3-3❙ 〈표 3-1〉을 이용한 금성의 위치 작도

※ 금성의 최대이각 데이터를 가지고, ❙그림 3-3❙처럼 각도기, 컴퍼스, 자를 이용하여 금성과 지구의 위치를 직접 작도해보자.

x축의 양의 방향은 춘분점방향으로, 춘분일 때 지구에서 태양을 바라본 방향이다. '지구-태양-x축의 양의 방향'이 이루는 각을 θ_E라 하면 지구의 위치는 ($\cos\theta_E$, $\sin\theta_E$)이다. 금성의 최대이각을 θ_M이라고 하면, 태양과 금성을 연결한 직선의 기울기는 $\tan(\theta_E + 90° - |\theta_M|)$이다. 이때, 서방최대이각 값 θ_M이 (−)이므로 기울기는 $\tan(\theta_E + 90° + \theta_M)$이며, 이 값을 m으로 하여 태양과 금성을 연결한 직선을 나타내면 다음과 같다.

$$y = mx \quad \cdots\cdots ①$$

이 때, 지구와 금성을 연결한 직선은 태양과 금성을 연결한 직선과 직교하므로 기울기가 $-\frac{1}{m}$이며, $(\cos\theta_E, \sin\theta_E)$를 지나는 직선의 방정식은 다음과 같다.

$$y - \sin\theta_E = -\frac{1}{m}(x - \cos\theta_E) \quad \cdots\cdots ②$$

금성의 위치는 ①, ② 직선의 교점이다.

$$mx - \sin\theta_E = -\frac{1}{m}(x - \cos\theta_E)$$

$$\left(m + \frac{1}{m}\right)x = \sin\theta_E + \frac{\cos\theta_E}{m}$$

$$\therefore x = \frac{\sin\theta_E + \frac{\cos\theta_E}{m}}{m + \frac{1}{m}}, \quad y = mx$$

이렇게 구한 금성의 위치를 스프레드시트에 입력하여 금성의 공전궤도를 그려 볼 것이다.

스프레드시트 이용하여 금성의 공전궤도 그리기

1. 우선 스프레드시트 프로그램을 실행한다. 그리고 **❙그림 3-4❙**와 같이 **〈표 3-1〉**의 자료를 스프레드 시트에 옮긴다. 셀 A1에 기준이 되는 날짜를 입력한다. 1983년의 추분인 1983-09-21을 입력한다. A열과 B열에 금성의 최대이각 자료인 **〈표 3-1〉**의 데이터를 입력한다.

	A	B
1	1983-09-21	
2	날짜	최대이각
3	1983-06-15	46
4	1983-11-04	-47
5	1985-01-21	47
6	1985-06-12	-46
7	1986-08-26	46
8	1987-01-15	-47
9	1988-04-02	46
10	1988-08-22	-46
11	1989-11-08	47
12	1990-03-30	-46

▌그림 3-4▐ 〈표 3-1〉의 자료를 스프레드시트에 옮김

	A	B	C	D	E
1	1983-09-21				
2	날짜	최대이각	θE		
3	1983-06-15	46	=MOD((A3-$A$1)*360/365.25, 360)		
4	1983-11-04	-47	43.37		
5	1985-01-21	47	120.99		
6	1985-06-12	-46	260.94		
7	1986-08-26	46	334.62		
8	1987-01-15	-47	114.58		
9	1988-04-02	46	191.21		
10	1988-08-22	-46	331.17		
11	1989-11-08	47	47.80		
12	1990-03-30	-46	187.76		

▌그림 3-5▐ 태양 중심 경도 θ_E를 입력

2. ▌그림 3-5▐와 같이 C열에 θ_E값을 입력한다. θ_E은 지구 공전에 따른 지구 위치이며, '지구–태양–x축의 양의 방향'이 이루는 각이므로 지구가 추분일 때 θ_E=0이다.

   기준날짜인 셀 A1값으로부터 흐른 시간을 구한다(Δt=A3−$A$1). 이 때 셀 A1값은 기준값이므로 고정시키기 위하여 F4키를 눌러 절대참조한다. 절대참조한 데이터영역 앞에는 $ 표시가 붙는다. 지구는 1년 365.25일 동안 태양주위를 1바퀴 360°공전하므로 각속도는 $\omega = \dfrac{360°}{365.25}$이다.[5)] 따라서 $\theta_E = \Delta t \times \omega =$ (A3−$A$1)×360/365.25이다. 이 때, Δt값이 1년이 지나면 θ_E값이 360°를

넘어가므로 만약 θ_E값을 360° 이내의 값으로 반환하려면 MOD 함수를 이용한다. MOD(피제수, 제수) 함수는 '피제수÷제수'를 하여 나머지를 반환하는 함수이다. MOD함수를 쓰면 앞에서 구한 θ_E 값을 360으로 나누어 나머지를 반환해준다.

	A	B	C	D	E	F
1	1983-09-21					
2	날짜	최대이각	θ_E	m		
3	1983-06-15	46	263.41	=TAN(RADIANS(C3+90+B3))		
4	1983-11-04	-47	43.37	15.75221		
5	1985-01-21	47	120.99	4.698833		
6	1985-06-12	-46	260.94	-1.43109		
7	1986-08-26	46	334.62	-2.65762		
8	1987-01-15	-47	114.58	-0.4126		
9	1988-04-02	46	191.21	-0.64417		
10	1988-08-22	-46	331.17	0.27114		
11	1989-11-08	47	47.80	0.084023		
12	1990-03-30	-46	187.76	1.269032		

▌그림 3-6▐ 직선의 기울기 m값 계산

E	F
x	y
-0.55579	-0.45667
0.046335	0.729884
0.152236	0.715334
0.412026	-0.58965
0.25333	-0.67326
-0.67607	0.278944
-0.60473	0.389551
0.694272	0.188245
0.728786	0.061235
-0.44522	-0.565

▌그림 3-7▐ 금성의 위치

5) 지구의 공전 각속도는 일정하다고 가정한다.

3. ▌그림 3-6▐ 과 같이 D열에 태양과 금성을 동시에 지나는 직선의 기울기 m값을 입력한다. 앞에서 구한 것처럼 이 직선의 기울기는 $\tan(\theta_E + 90° + \theta_M)$이다. 이 때 $\theta_E + 90° + \theta_M$은 일반각이므로 라디안 값으로 고쳐주기 위하여 RADIANS 함수를 사용한다. 따라서 m=TAN(RADIANS(C3+90+B3))이다.

4. 이제 ▌그림 3-7▐ 과 같이 E열과 F열에 금성의 위치 x좌표, y좌표를 입력한다. 앞에서 구한 x와 y의 수식

$$x = \frac{\sin\theta_E + \dfrac{\cos\theta_E}{m}}{m + \dfrac{1}{m}}$$

$$y = mx$$

를 각각 E열과 F열에 입력하는데, θ_E값을 라디안으로 고쳐주기 위해 C열에서 구한 θ_E값에 $\times \frac{\pi}{180}$ 해준다. 참고로 π는 pi()함수를 이용하면 된다. 따라서 x값(E열), y값(F열)은 각각

```
x=(SIN(C3*PI()/180)+COS(C3*PI()/180)/D3)/(D3+1/D3)
y=D3*E3
```

로 구할 수 있다.

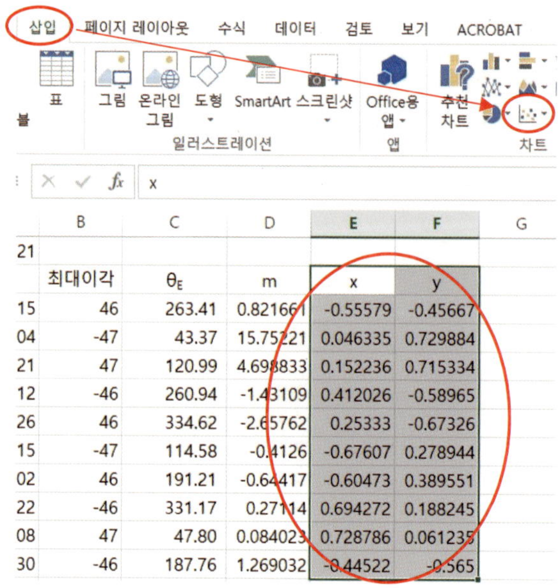

▎그림 3-8▎ 금성의 위치 그리기

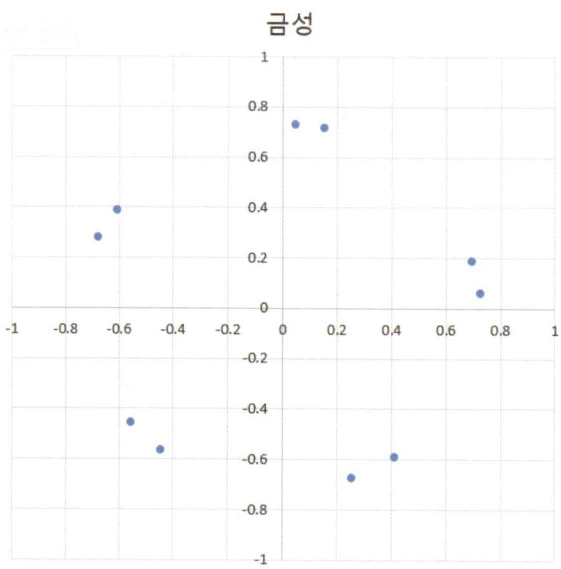

▎그림 3-9▎ 금성의 위치 그리기

5. ▌그림 3-8▌과 같이 x, y값을 블록잡고, [삽입]-[차트]-[분산형]을 선택한다. 그러면 ▌그림 3-9▌와 같이 금성의 위치가 점으로 표시된 그래프가 만들어진다.

   언뜻 보기에 금성의 공전궤도가 원 궤도처럼 보인다. $\frac{d_{SV}}{d_{ES}} = 0.723$ 값을 이용하여 반경이 0.723인 원을 그려 방금 나타낸 금성의 위치와 일치하는지 확인해 보겠다.

6. G1셀에 금성의 반경 0.723값을, H열에는 0°부터 360°까지 10° 간격으로 입력하고 I열에는 radians 함수를 이용하여 H열의 일반각을 라디안 값으로 바꿔준다(▌그림 3-10▌).

G	H	I	J	K
0.723	일반각	θ(라디안)	rcosθ	rsinθ
	0	0	0.723	0
	10	0.174533	0.712016	0.125548
	20	0.349066	0.679398	0.247281
	30	0.523599	0.626136	0.3615
	40	0.698132	0.55385	0.464735
	50	0.872665	0.464735	0.55385
	60	1.047198	0.3615	0.626136
	70	1.22173	0.247281	0.679398
	80	1.396263	0.125548	0.712016
	90	1.570796	4.43E-17	0.723
	100	1.745329	-0.12555	0.712016
	110	1.919862	-0.24728	0.679398
	120	2.094395	-0.3615	0.626136
	130	2.268928	-0.46474	0.55385
	140	2.443461	-0.55385	0.464735
	150	2.617994	-0.62614	0.3615
	160	2.792527	-0.6794	0.247281
	170	2.96706	-0.71202	0.125548
	180	3.141593	-0.723	8.86E-17

▌그림 3-10▌ 반경 0.723 원그리기

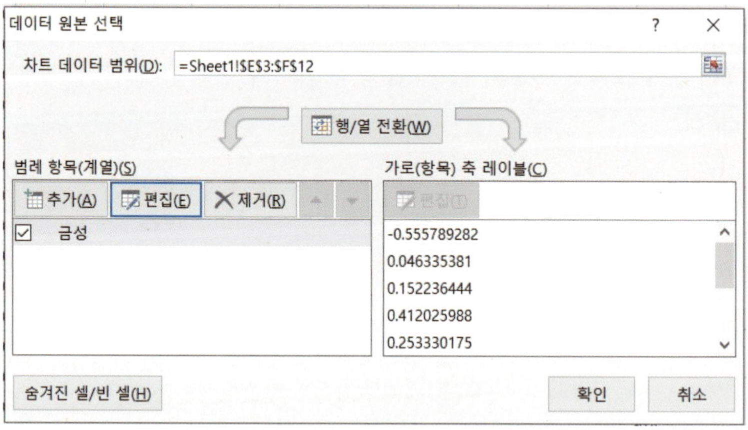

❙그림 3-11❙ 데이터 선택 창

J열에는 $rcos\theta$값을 입력해주는데 반경 0.723값은 고정된 값이므로 G1값을 절대 참조하기 위하여 F4를 눌러준다. cosθ에서 θ값은 라디안 값인 I열을 참조한다. "J2"=$G$1*COS(I2)을 입력하여 계산한다. K열에는 $rsin\theta$값을 입력해주는데 J열과 같은 방법으로 한다. "K2"=$G$1*SIN(I2) 입력하여 계산한다. ❙그림 3-9❙에 그렸던 금성의 위치 그래프를 클릭한 뒤 마우스 오른쪽 버튼을 눌러 "데이터 선택"을 누르면 ❙그림 3-11❙의 데이터 선택 창이 뜬다. 이 상태에서 "추가"버튼을 누르면 ❙그림 3-12❙와 같은 계열 편집 창이 뜬다.

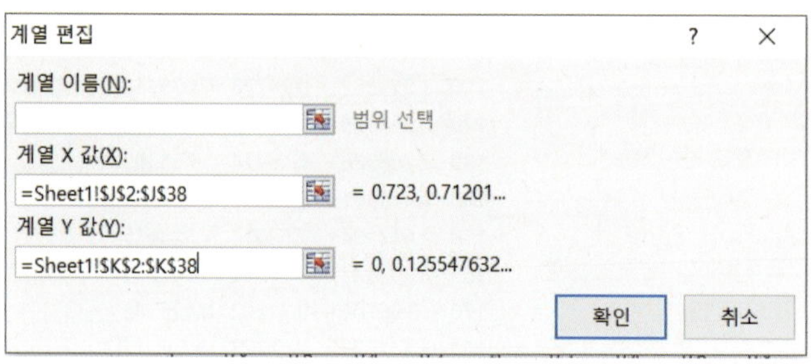

❙그림 3-12❙ 데이터 계열 편집 창

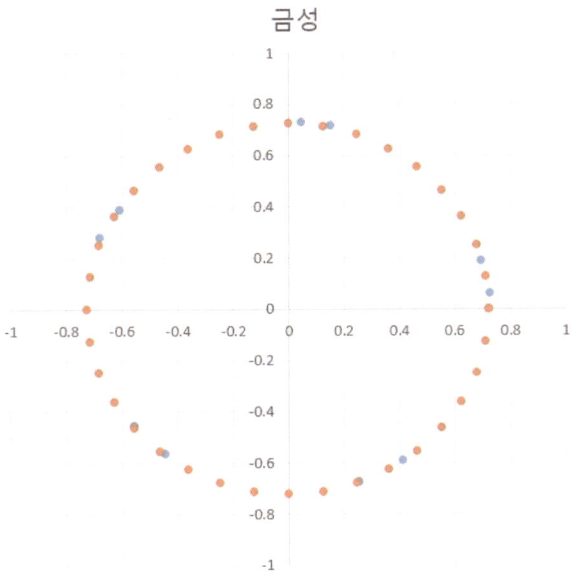

▌그림 3-13▐ 금성의 위치에 원 궤도 삽입

▌그림 3-12▐ 에서 "계열 X 값"을 선택하기 위하여 J열 데이터 전체를 블록 잡는다. 마찬가지로 "계열 Y 값"도 K열 데이터 전체를 블록 잡고 확인 버튼을 누른다. 그러면 ▌그림 3-13▐ 과 같이 새로운 데이터가 추가된 그래프가 그려진다. 이제 ▌그림 3-13▐ 에서 방금 그린 그래프를 선택하고 마우스 오른쪽 버튼을 눌러 "데이터 계열 서식"을 선택한다. 그리고 **〈표 3-2〉**와 같이 하면

▌그림 3-14▐ 와 같이 금성의 위치에 원 궤도가 그려진 완성된 그래프를 얻는다.

〈표 3-2〉 실선 그래프 그리기

데이터 계열 서식에서 "표식"을 선택한 다음 "표식옵션"에서 "없음"을 선택한다.

그다음 데이터 계열 서식에서 "선"을 선택한 다음 '선 종류, 선의 색, 선 두께' 등을 적당히 조절한다.

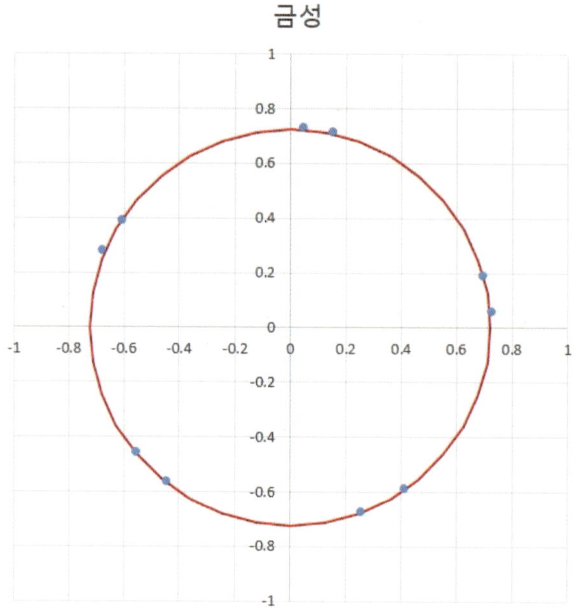

▎그림 3-14 ▎금성의 위치와 원 궤도

금성의 최대이각 데이터를 이용하여 나타낸 금성의 위치(파란색 점 그래프)와 반경이 0.723인 원 그래프(빨간 실선)가 거의 일치함을 알 수 있다. 따라서 금성의 공전궤도는 반경이 0.723AU인 원 궤도와 거의 차이가 없음을 증명하였다.

금성의 공전궤도가 원인지 증명하는 과정을 정리해보자.

- **필요한 가정:** 지구의 공전 궤도는 원이다. 따라서 지구의 공전각속도는 거의 일정하다.
- **필요한 지식:** 이각(최대이각), 한 점을 지나는 직선의 방정식, 직교하는 두 직선의 기울기의 곱이 '-1' 등이다.
- **탐구 활동:** 금성의 최대이각 데이터를 가지고 각도기, 컴퍼스, 자를 사용하여 지구, 금성의 위치를 직접 작도해보고, 스프레드시트를 활용하여 금성의 원 궤도를 그래프로 나타내었다.
- **자료의 활용:** 금성의 최대이각 데이터를 활용하였다.

- **모델의 활용:** 금성의 최대이각 모델을 활용하여 스프레드시트에 이용할 수식을 구하였고, 스프레드시트의 그래프를 통해 금성의 궤도가 원인지 시각적으로 증명할 수 있었다.

이제 우리가 금성의 공전궤도가 원임을 증명하기 위해 안다고 가정하였던 '지구 공전궤도는 원이다'의 증명이 필요하다.

보충 활동

수성, 화성의 공전궤도 그리기

사용할 데이터

1. 아래의 수성 및 화성의 자료는 [천문 역서]를 통하여 얻은 것이다.

〈표 3-3〉 수성 및 화성 데이터

〈수성의 최대이각〉

날짜	최대이각
1979-03-08	18 E
1979-04-21	27 W
1979-07-03	26 E
1979-08-19	19 W
1979-10-29	24 E
1979-12-07	21 W
1980-02-19	18 E
1980-04-02	28 W
1980-06-14	24 E
1980-08-01	19 W
1980-10-11	25 E
1980-11-19	20 W
1989-01-08	19 E
1989-02-18	26 W
1989-04-30	21 E
1989-06-18	23 W
1989-08-28	27 E
1989-10-10	18 W
1989-12-22	20 E
1990-02-01	25 W
1990-04-13	20 E
1990-05-31	25 W
1990-08-11	27 E
1990-09-24	18 W
1990-12-05	21 E

〈화성의 자료〉

날짜	태양-지구-화성 사이 이각	태양 중심의 지구 위치
1969-08-17	108	324
1971-07-05	219	282
1973-05-22	278	241
1974-01-02	111	101
1975-11-20	214	57
1977-10-07	276	14
1980-04-09	138	199
1982-02-25	234	156
관측일	**춘분점-태양-지구 사이의 각**	**춘분점-지구-화성 사이의 각**
1974-01-01	100	31
1975-11-19	56	91
1974-03-18	177	71
1976-02-03	133	76
1974-08-09	316	158
1976-06-25	273	144
1974-11-25	62	230
1976-10-11	18	212
1975-03-01	160	299
1977-01-16	116	282
1975-08-16	319	57
1977-06-28	276	46

2. 태양과 지구의 거리 1억 4960만km를 1AU라 할 때, 태양과 수성의 거리 5790만 km는 약 0.387AU, 태양과 화성의 거리 2억 2800만km는 약 1.52AU이다.

스프레드시트 프로그램을 이용하여 〈표 3-3〉 데이터를 통해 수성, 화성의 위치를 점으로 나타내고, 태양과 수성의 거리, 태양과 화성의 거리가 각각 0.387AU, 1.52 AU임을 이용하여 반경이 각각 0.387, 1.52인 원을 그려 서로 일치하는지 살펴볼 것이다.

스프레드시트에 이용할 수식

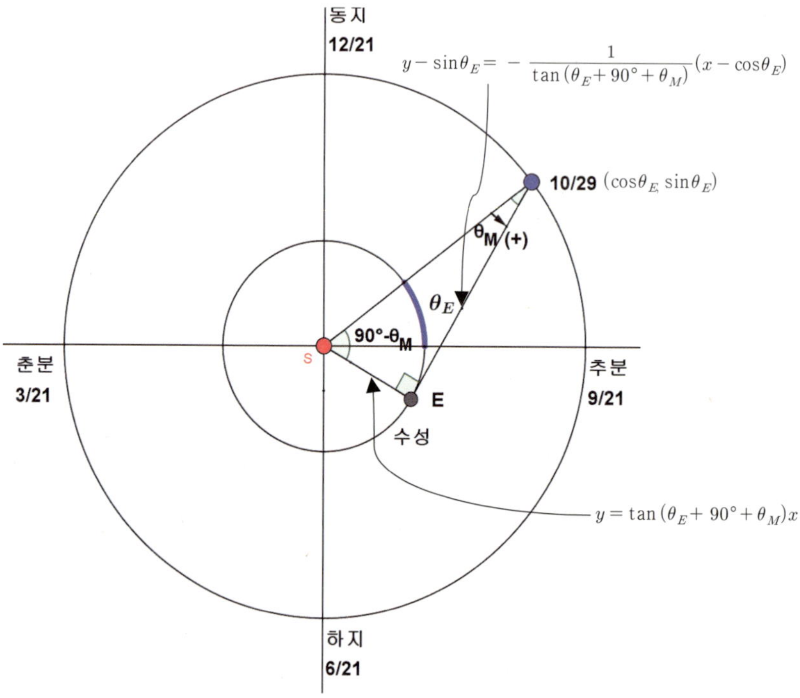

▌그림 3-15▐ 수성의 경우

수성

수성의 공전 궤도 그리기는 금성 공전 궤도 그리기와 방법이 같다. 수성의 위치는 다음 두 직선의 교점이다.

$$y - \sin\theta_E = -\frac{1}{\tan(\theta_E + 90° + \theta_M)}(x - \cos\theta_E)$$

$$y = \tan(\theta_E + 90° + \theta_M)x$$

따라서 수성의 위치는 다음과 같이 나타낼 수 있다.

$$x = \frac{\sin\theta_E + \dfrac{\cos\theta_E}{m}}{m + \dfrac{1}{m}}$$

$$y = mx$$

화성

화성의 공전궤도 그리는 방법은 금성, 수성의 경우와 조금 다르다.

화성의 공전궤도를 그리는 아이디어는 다음과 같다. 〈표 3-3〉의 화성 데이터는 ❙그림 3-16❙과 같이 화성의 공전주기 687일마다 동일한 위치의 화성 데이터 쌍들을 나타낸 것이다.

이 데이터를 이용하여 지구-화성을 지나는 직선의 방정식을 각각 구하면 이 직선들의 교점의 좌표가 화성의 위치이다.

〈표 3-3〉의 화성의 자료는 '태양-지구-화성 사이 이각/태양 중심의 지구 위치' 자료와 '춘분점-태양-지구 사이의 각/춘분점-지구-화성 사이의 각' 자료로 크게 2가지이다. 각각의 경우를 나누어서 화성의 위치를 구하는 방법을 알아보자.

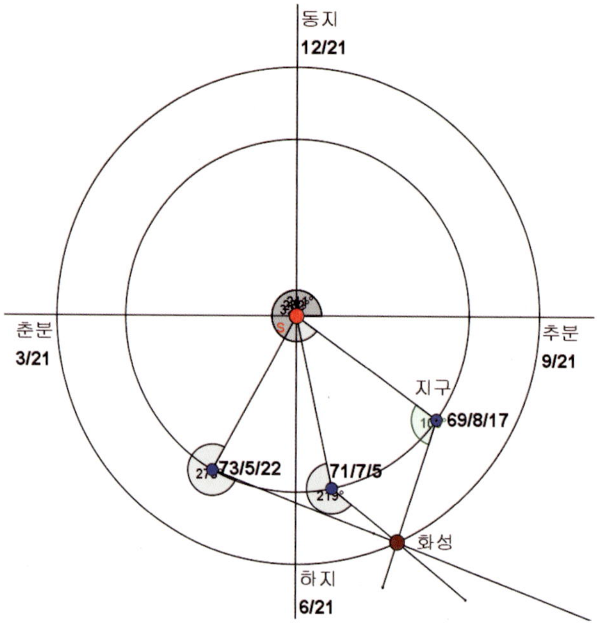

▌그림 3-16▐ 화성 공전주기 687일마다 동일한 위치의 화성

자료 1. '태양-지구-화성 사이 이각/태양 중심의 지구 위치'를 알 때

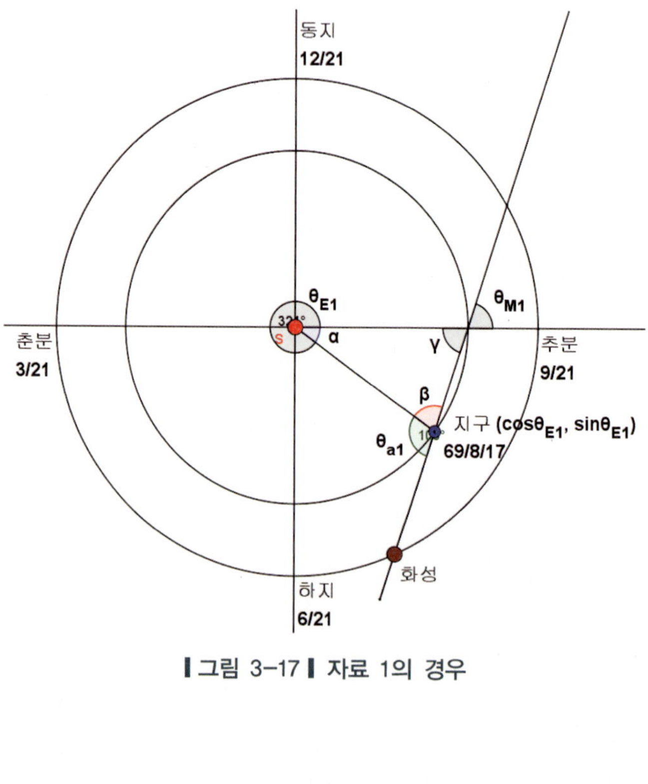

▌그림 3-17▐ 자료 1의 경우

θ_E: 태양 중심의 지구 위치

θ_a: 태양-지구-화성 사이 이각

θ_M: 지구-화성을 지나는 직선이 x축의 양의 방향과 이루는 각

$$\theta_{M1} = \gamma = \pi - (\alpha + \beta)$$

$$\alpha = 2\pi - \theta_{E1},\ \ \beta = \pi - \theta_{a1}$$

$$\theta_{M1} = \pi - ((2\pi - \theta_{E1}) + (\pi - \theta_{a1}))$$

$$\theta_{M1} = \theta_{E1} + \theta_{a1} - 2\pi$$

$$\tan\theta_{M1} = \tan(\theta_{E1} + \theta_{a1} - 2\pi)$$

$$\therefore \tan\theta_{M1} = \tan(\theta_{E1} + \theta_{a1})$$

이렇게 하여 지구-화성을 지나는 직선의 기울기($\tan\theta_{M1}$)를 구하였고, 태양 중심의 지구 위치가 θ_{E1}일 때 지구의 위치는 $(\cos\theta_{E1}, \sin\theta_{E1})$이므로 지구-화성을 지나는 직선의 방정식은 다음과 같다.

$$y - \sin\theta_{E1} = \tan\theta_{M1}(x - \cos\theta_{E1}) \cdots\cdots ①$$

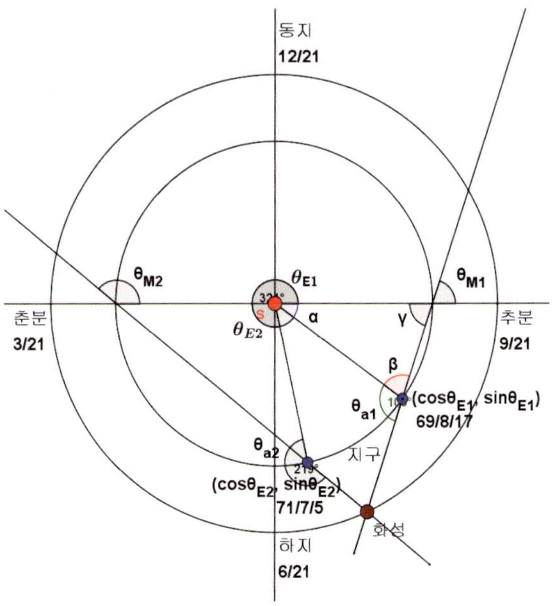

▍그림 3-18▍ 자료 1의 경우 계속

마찬가지로, 화성의 공전주기인 687일 뒤에 태양 중심의 지구 위치가 θ_{E2}라고 하면, 지구의 위치는 $(\cos\theta_{E2}, \sin\theta_{E2})$이고, 이 때 지구-화성을 지나는 직선의 기울기는 $\tan\theta_{M2} = \tan(\theta_{E2} + \theta_{a2})$이다. 따라서 태양 중심의 지구 위치가 θ_{E2}일 때, 지구-화성을 지나는 직선의 방정식은

$$y - \sin\theta_{E2} = \tan\theta_{M2}(x - \cos\theta_{E2}) \quad \cdots\cdots ②$$

이다. 따라서 화성의 위치는 ①, ②직선의 교점이다.

$\tan\theta_{M1} = m_1$, $\tan\theta_{M2} = m_2$라고 하면

$$y - \sin\theta_{E1} = m_1(x - \cos\theta_{E1}) \quad \cdots\cdots Ⓐ$$

$$y - \sin\theta_{E2} = m_2(x - \cos\theta_{E2}) \quad \cdots\cdots Ⓑ$$

이기에 Ⓐ-Ⓑ하면, $\sin\theta_{E2} - \sin\theta_{E1} = m_1 x - m_1\cos\theta_{E1} - m_2 x + m_2\cos\theta_{E2}$이므로

$$x = \frac{-(m_2\cos\theta_{E2} - m_1\cos\theta_{E1}) + (\sin\theta_{E2} - \sin\theta_{E1})}{m_1 - m_2}$$

$$y = m_1(x - \cos\theta_{E1}) + \sin\theta_{E1}$$

가 된다.

자료 2. '춘분점-태양-지구 사이의 각/춘분점-지구-화성 사이의 각'을 알 때

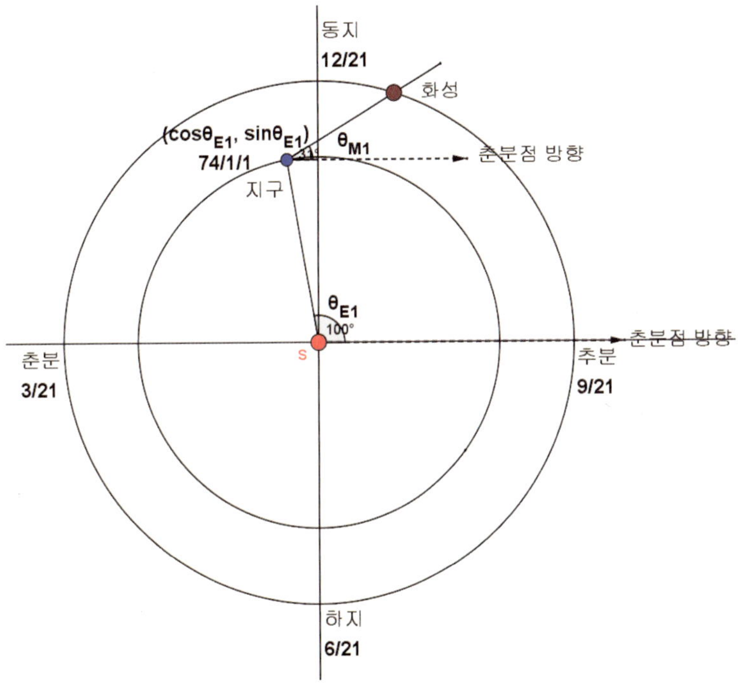

❙그림 3-19❙ 자료 2의 경우

θ_E: 춘분점-태양-지구 사이의 각

θ_M: 춘분점-지구-화성 사이의 각

※ 춘분점 방향: x축 방향

춘분점-태양-지구 사이의 각이 θ_{E1}일 때, 지구의 위치는 $(\cos\theta_{E1}, \sin\theta_{E1})$이다.

이때, 지구-화성을 지나는 직선의 기울기는 $\tan\theta_{M1}$과 같으므로 이 직선의 방정식은 다음과 같다.

$$y - \sin\theta_{E1} = \tan\theta_{M1}(x - \cos\theta_{E1}) \quad \cdots\cdots ①$$

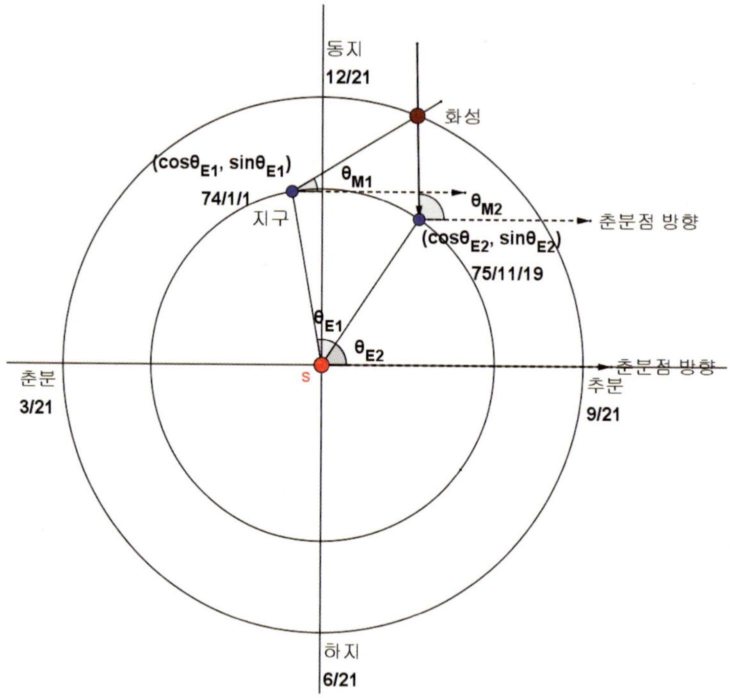

| 그림 3-20 | 자료 2의 경우 계속

마찬가지로 화성의 공전주기인 687일 뒤에 태양 중심의 지구 위치가 θ_{E2} 라고 하면,

지구의 위치는 $(\cos\theta_{E2}, \sin\theta_{E2})$이고,

이 때 지구-화성을 지나는 직선의 기울기는 $\tan\theta_{M2}$이다.

따라서 태양 중심의 지구 위치가 θ_{E2}일 때, 지구-화성을 지나는 직선의 방정식은

$$y - \sin\theta_{E2} = \tan\theta_{M2}(x - \cos\theta_{E2}) \quad \cdots\cdots ②$$

이다.

화성의 위치는 ①, ②직선의 교점이므로 여기서부터는 앞의 자료 1.에서 화

성의 위치를 구한 방법과 같은 방법으로 구한다. $\tan\theta_{M1} = m_1$, $\tan\theta_{M2} = m_2$ 라고 하면

$$y - \sin\theta_{E1} = m_1(x - \cos\theta_{E1}) \cdots\cdots Ⓐ$$
$$y - \sin\theta_{E2} = m_2(x - \cos\theta_{E2}) \cdots\cdots Ⓑ$$

$$Ⓐ - Ⓑ : \ \sin\theta_{E2} - \sin\theta_{E1} = m_1 x - m_1\cos\theta_{E1} - m_2 x + m_2\cos\theta_{E2}$$

$$\therefore x = \frac{-(m_2\cos\theta_{E2} - m_1\cos\theta_{E1}) + (\sin\theta_{E2} - \sin\theta_{E1})}{m_1 - m_2}$$
$$y = m_1(x - \cos\theta_{E1}) + \sin\theta_{E1}$$

스프레드시트 이용하여 수성의 공전궤도 그리기

스프레드시트를 이용하여 수성의 공전궤도를 그리는 과정은 금성 공전궤도 그리는 과정과 같다.

스프레드시트 프로그램을 실행한다.

셀 A1에 기준이 되는 날짜를 입력한다. 1983년의 추분인 1983-09-21을 입력한다.

A열과 B열에 수성의 최대이각 표의 데이터를 입력한다.

날짜	최대이각
1979-03-08	18 E
1979-04-21	27 W
1979-07-03	26 E
1979-08-19	19 W
1979-10-29	24 E
1979-12-07	21 W
1980-02-19	18 E
1980-04-02	28 W
1980-06-14	24 E
1980-08-01	19 W
1980-10-11	25 E
1980-11-19	20 W
1989-01-08	19 E
1989-02-18	26 W
1989-04-30	21 E
1989-06-18	23 W
1989-08-28	27 E
1989-10-10	18 W
1989-12-22	20 E
1990-02-01	25 W
1990-04-13	20 E
1990-05-31	25 W
1990-08-11	27 E
1990-09-24	18 W
1990-12-05	21 E

⇒

	A	B
1	1983-09-21	
2	날짜	최대이각
3	1979-03-08	18
4	1979-04-21	-27
5	1979-07-03	26
6	1979-08-19	-19
7	1979-10-29	24
8	1979-12-07	-21
9	1980-02-19	18
10	1980-04-02	-28
11	1980-06-14	24
12	1980-08-01	-19
13	1980-10-11	25
14	1980-11-19	-20
15	1989-01-08	19
16	1989-02-18	-26
17	1989-04-30	21
18	1989-06-18	-23
19	1989-08-28	27
20	1989-10-10	-18
21	1989-12-22	20
22	1990-02-01	-25
23	1990-04-13	20
24	1990-05-31	-25
25	1990-08-11	27
26	1990-09-24	-18
27	1990-12-05	21

C열에 θ_E값을 입력한다. θ_E은 지구 공전에 따른 지구 위치이며, 각도 θ_E는 각속도에 단위 시간을 곱한 것($\theta_E = \omega t$)으로 표현할 수 있다.

기준날짜인 셀 A1값(지구가 추분일 때)으로부터 흐른 시간을 구한다(Δt=A3-$A$1). 지구의 각속도(ω)는 360° 공전하는데 약 365.25일이 걸리므로 $\omega = \frac{360°}{365.25}$이다. 따라서 $\theta_E = \Delta t \times \omega$ =(A3-$A$1)×360/365.25이다.

	A	B	C	D	E
1	1983-09-21				
2	날짜	최대이각	θ_E		
3	1979-03-08	18	=(A3-$A$1)*360/365.25		
4	1979-04-21	-27	-1590.8		
5	1979-07-03	26	-1518.85		
6	1979-08-19	-19	-1472.53		

D열에 태양과 수성을 동시에 지나는 직선의 기울기 m값을 입력한다.

앞에서 구한 것처럼 이 직선의 기울기는 $\tan(\theta_E + 90° + \theta_M)$이다.

이 때 $\theta_E + 90° + \theta_M$은 일반각이므로 라디안 값으로 고쳐주기 위하여 RADIANS 함수를 사용한다. 따라서 m=TAN(RADIANS(C3+90+B3))이다.

	A	B	C	D	E	F
1	1983-09-21					
2	날짜	최대이각(θ_M)	θ_E	m		
3	1979-03-08	18	-1634.17	=TAN(RADIANS(C3+90+B3))		
4	1979-04-21	-27	-1590.8	-26.0405		
5	1979-07-03	26	-1518.85	0.757664		
6	1979-08-19	-19	-1472.53	0.794705		

E열과 F열에 수성의 위치 x좌표, y좌표를 입력한다. 앞에서 구한 x와 y의 수식 $x = \dfrac{\sin\theta_E + \dfrac{\cos\theta_E}{m}}{m + \dfrac{1}{m}}$, $y = mx$를 각각 E열과 F열에 입력하는데,

θ_E값을 라디안으로 고쳐주기 위해 θ_E값에 $\times \dfrac{\pi}{180}$ 해주거나 RADIANS 함수를 쓴다. 따라서 x값(E열)은 =(SIN(C3*PI()/180)+COS(C3*PI()/180)/D3)/(D3+1/D3) 또는 =(SIN(RADIANS(C3))+COS(RADIANS(C3))/D3)/(D3+1/D3), y값(F열)은 =D3*E3으로 구할 수 있다.

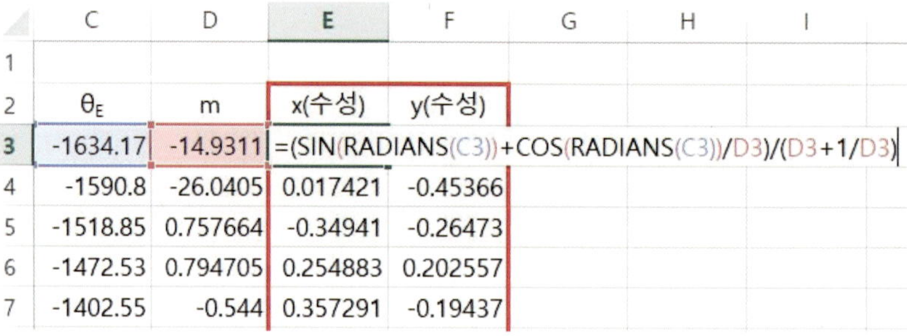

x, y값을 블록잡고, [삽입]-[차트]-[분산형]을 선택한다.

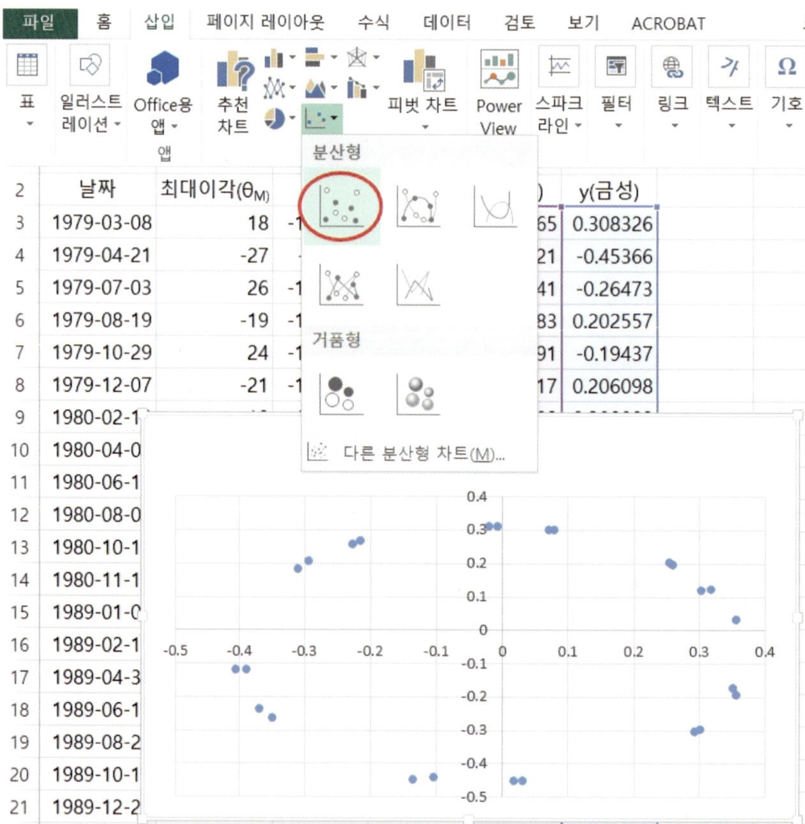

이렇게 해서 만들어진 그래프는 다음과 같다. 수성의 공전궤도가 0.387AU이므로 이 그래프에 반경이 0.387인 원 궤도를 추가해보자.

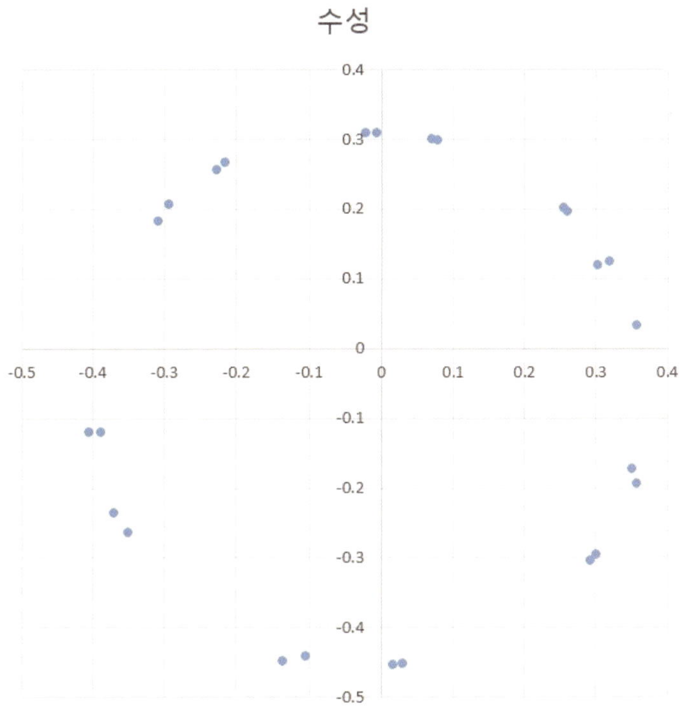

G1셀에 반경 0.387값을, H열에는 0°부터 360°까지 10° 간격으로 입력하고 I열에는 radians 함수를 이용하여 H열의 일반각을 라디안 값으로 바꿔준다.

J열에는 $rcos\theta$값을 입력해주는데 반경 0.387값은 고정된 값이므로 G1값을 절대참조한다. 이 때 θ값은 라디안 값인 I열을 참조한다. "J2"=$G$1*COS(I2)

K열에 같은 방법으로 $rsin\theta$값을 입력한다. "K2"=$G$1*SIN(I2)

G	H	I	J	K
0.387				
	일반각	θ(라디안)	rcosθ	rsinθ
	0	0	0.387	0
	10	0.174533	0.381121	0.067202
	20	0.349066	0.363661	0.132362
	30	0.523599	0.335152	0.1935
	40	0.698132	0.296459	0.248759
	50	0.872665	0.248759	0.296459

앞서 그렸던 수성의 위치를 점으로 나타낸 그래프에 J, K열의 데이터를 추가하면 아래 그래프와 같다. 자세한 설명은 금성궤도 그리기 부분을 참고하면 된다.

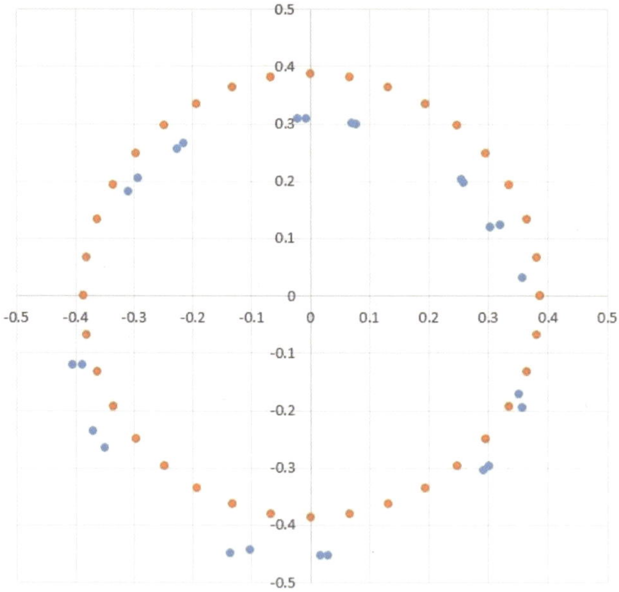

추가된 데이터를 "데이터 계열 서식"의 "표식 없음" 및 "실선"그리기로 조정하자.

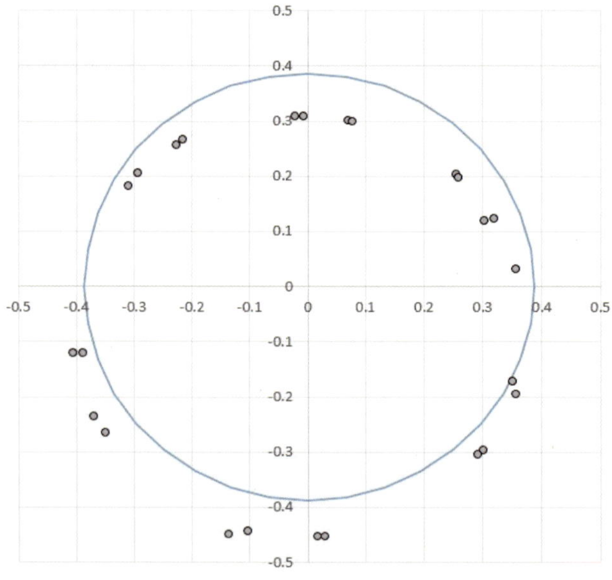

점그래프와 실선그래프가 서로 완전히 겹치지 않는다. 점그래프와 실선 그래프를 서로 fitting하기 위하여 실선 그래프를 x축 방향과 y축 방향으로 평행이동하겠다. 이는 수성의 이심률과 관련 있다.

J1 셀 값에 x축 평행이동 값, K1 셀 값에 y축 평행이동 값을 입력하고, 기존의 J, K열의 x값, y값에 각각 J1, K1 값을 절대참조하여 더해준다. J1, K1 값을 적절히 변화시켜보며 실선그래프를 점그래프에 일치시켜준다.

예를 들어, J1=−0.01, K1=−0.079일 때 거의 두 그래프가 거의 일치한다.

G	H	I	J	K
0.387			-0.01	-0.079
	일반각	θ(라디안)	rcosθ	rsinθ
	0	0	0.377	-0.079
	10	0.174533	0.371121	-0.0118
	20	0.349066	0.353661	0.053362
	30	0.523599	0.325152	0.1145
	40	0.698132	0.286459	0.169759
	50	0.872665	0.238759	0.217459
	60	1.047198	0.1835	0.256152
	70	1.22173	0.122362	0.284661
	80	1.396263	0.057202	0.302121
	90	1.570796	-0.01	0.308
	100	1.745329	-0.0772	0.302121
	110	1.919862	-0.14236	0.284661
	120	2.094395	-0.2035	0.256152
	130	2.268928	-0.25876	0.217459
	140	2.443461	-0.30646	0.169759
	150	2.617994	-0.34515	0.1145
	160	2.792527	-0.37366	0.053362
	170	2.96706	-0.39112	-0.0118
	180	3.141593	-0.397	-0.079
	190	3.316126	-0.39112	-0.1462
	200	3.490659	-0.37366	-0.21136
	210	3.665191	-0.34515	-0.2725
	220	3.839724	-0.30646	-0.32776
	230	4.014257	-0.25876	-0.37546
	240	4.18879	-0.2035	-0.41415

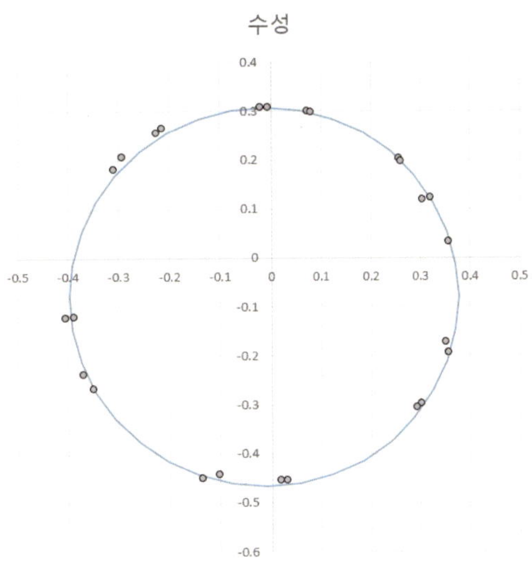

스프레드시트를 활용하여 수성의 공전궤도를 그려보았다.

그래프를 서로 fitting 시켜주기 위해서 x축 방향으로 -0.01 만큼 y축 방향으로 -0.079만큼 평행이동하였으므로 수성의 이심률을 구하면 다음과 같다.

$$\frac{\sqrt{(-0.01)^2+(-0.079)^2}}{0.387} \fallingdotseq 0.205$$

참고로 수성의 이심률은 태양계 행성 중에서 가장 크며 그 값은 약 0.205이다.

스프레드시트 이용하여 화성의 공전궤도 그리기

스프레드시트를 이용하여 화성의 공전궤도를 그리는 과정은 수성과 금성의 공전궤도를 그리는 과정과 비슷하지만 조금 다르다.

스프레드시트 프로그램을 실행한다.

A열과 B열 및 C열에 화성 데이터를 입력한다.

날짜	태양-지구-화성 사이 이각	태양 중심의 지구 위치
1969-08-17	108	324
1971-07-05	219	282
1973-05-22	278	241
1974-01-02	111	101
1975-11-20	214	57
1977-10-07	276	14
1980-04-09	138	199
1982-02-25	234	156
관측일	**춘분점-태양-지구 사이의 각**	**춘분점-지구-화성 사이의 각**
1974-01-01	100	31
1975-11-19	56	91
1974-03-18	177	71
1976-02-03	133	76
1974-08-09	316	158
1976-06-25	273	144
1974-11-25	62	230
1976-10-11	18	212
1975-03-01	160	299
1977-01-16	116	282
1975-08-16	319	57
1977-06-28	276	46

⇒

	A	B	C
1	날짜	태양-지구-화성 사이 이각	태양 중심의 지구 위치
2	1969-08-17	108	324
3	1971-07-05	219	282
4	1973-05-22	278	241
5	1974-01-02	111	101
6	1975-11-20	214	57
7	1977-10-07	276	14
8	1980-04-09	138	199
9	1982-02-25	234	156
10	관측일	춘분점-태양-지구 사이의 각	춘분점-지구-화성 사이의 각
11	1974-01-01	100	31
12	1975-11-19	56	91
13	1974-03-18	177	71
14	1976-02-03	133	76
15	1974-08-09	316	158
16	1976-06-25	273	144
17	1974-11-25	62	230
18	1976-10-11	18	212
19	1975-03-01	160	299
20	1977-01-16	116	282
21	1975-08-16	319	57
22	1977-06-28	276	46

화성의 공전궤도를 그리는 아이디어는 앞에서 밝힌 바와 같이 화성의 공전주기를 이용하여 화성의 공전주기 687일마다 동일한 위치의 화성 데이터를 이용하여 지구-화성을 지나는 직선의 방정식을 구하여 이 직선들의 교점의 좌표를 구하여 화성의 위치를 구하는 것이다.

따라서 D열에서 구해 볼 값은 A열의 화성을 관측한 날짜들 간의 차이이다. A열의 어느 한 셀을 택하고 바로 윗 행의 값과의 차를 구하여 그 값이 화성의 공전주기 687과 일치한다면 그 두 날짜에 관측한 화성의 위치는 같은 것이다.

예를 들어, A2=1969-08-17, A3=1971-07-05 이므로,

이 두 셀 값의 차를 구하면 D3=A3-A2=687이다. 따라서 A2와 A3날짜에 관측한 화성의 위치는 같은 것이다.

같은 방법으로 D열 전체의 값을 구하면 아래와 같다.

	A	B	C	D
1	날짜	태양-지구-화성 사이 이각	태양 중심의 지구 위치	공전주기 확인
2	1969-08-17	108	324	
3	1971-07-05	219	282	687
4	1973-05-22	278	241	687
5	1974-01-02	111	101	225
6	1975-11-20	214	57	687
7	1977-10-07	276	14	687
8	1980-04-09	138	199	915
9	1982-02-25	234	156	687
10	관측일	춘분점-태양-지구 사이의 각	춘분점-지구-화성 사이의 각	
11	1974-01-01	100	31	
12	1975-11-19	56	91	687
13	1974-03-18	177	71	-611
14	1976-02-03	133	76	687
15	1974-08-09	316	158	-543
16	1976-06-25	273	144	686
17	1974-11-25	62	230	-578
18	1976-10-11	18	212	686
19	1975-03-01	160	299	-590
20	1977-01-16	116	282	687
21	1975-08-16	319	57	-519
22	1977-06-28	276	46	682

D열의 데이터 중에서 화성의 공전주기에 해당하지 않는 값을 제거하면 아래와 같이 9쌍의 데이터를 얻을 수 있다.

	A	B	C	D
1	날짜	태양-지구-화성 사이 이각	태양 중심의 지구 위치	공전주기 확인
2	1969-08-17	108	324	
3	1971-07-05	219	282	687
4	1973-05-22	278	241	687
5	1974-01-02	111	101	
6	1975-11-20	214	57	687
7	1977-10-07	276	14	687
8	1980-04-09	138	199	
9	1982-02-25	234	156	687
10	관측일	춘분점-태양-지구 사이의 각	춘분점-지구-화성 사이의 각	
11	1974-01-01	100	31	
12	1975-11-19	56	91	687
13	1974-03-18	177	71	
14	1976-02-03	133	76	687
15	1974-08-09	316	158	
16	1976-06-25	273	144	686
17	1974-11-25	62	230	
18	1976-10-11	18	212	686
19	1975-03-01	160	299	
20	1977-01-16	116	282	687
21	1975-08-16	319	57	
22	1977-06-28	276	46	682

이 9쌍의 데이터를 이용하여 9개의 화성의 위치를 구할 수 있다.

한 데이터 쌍 내에서 공전주기마다 관측한 화성의 위치는 동일하므로 동일 데이터 쌍 내의 지구-화성을 지나는 직선의 방정식의 교점은 화성의 위치이다.

E열에는 지구-화성을 동시에 지나는 직선의 방정식의 기울기를 구할 것이다.

앞에서 구했던 '**스프레드시트에 이용할 수식**'을 참고하여 다음과 같이 데이터를 자료1과 자료2, 2가지로 나누어 각각의 경우의 직선의 기울기를 따로 구한다.

자료 1. '태양–지구–화성 사이 이각/태양 중심의 지구 위치'를 알 때

태양–지구–화성 사이 이각(θ_a, B열)/태양 중심의 지구 위치(θ_E, C열)에서 $m = \tan\theta_M = \tan(\theta_a + \theta_E)$이므로, E2=TAN(RADIANS(B2+C2))이다.

E2 | fx =TAN(RADIANS(B2+C2))

	A	B	C	D	E
1	날짜	태양-지구-화성 사이 이각	태양 중심의 지구 위치	공전주기 확인	m=tanθ
2	1969-08-17	108	324		3.077684
3	1971-07-05	219	282	687	-0.80978
4	1973-05-22	278	241	687	-0.38386
5	1974-01-02	111	101		0.624869
6	1975-11-20	214	57	687	-57.29
7	1977-10-07	276	14	687	-2.74748
8	1980-04-09	138	199		-0.42447
9	1982-02-25	234	156	687	0.57735

자료 2. '춘분점–태양–지구 사이의 각/춘분점–지구–화성 사이의 각'을 알 때

춘분점–태양–지구 사이의 각 / 춘분점–지구–화성 사이의 각(θ_M, C열)에서 $m = \tan\theta_M$이므로, E11=TAN(RADIANS(C11))이다.

E11 | fx =TAN(RADIANS(C11))

	A	B	C	D	E
10	관측일	춘분점-태양-지구 사이의 각	춘분점-지구-화성 사이의 각		m=tanθ
11	1974-01-01	100	31		0.600861
12	1975-11-19	56	91	687	-57.29
13	1974-03-18	177	71		2.904211
14	1976-02-03	133	76	687	4.010781
15	1974-08-09	316	158		-0.40403
16	1976-06-25	273	144	686	-0.72654
17	1974-11-25	62	230		1.191754
18	1976-10-11	18	212	686	0.624869
19	1975-03-01	160	299		-1.80405
20	1977-01-16	116	282	687	-4.70463
21	1975-08-16	319	57		1.539865
22	1977-06-28	276	46	682	1.03553

F열과 G열에는 각각 지구의 x좌표와 y좌표를 구한다.

이 경우도 기울기를 구할 때처럼 다음과 같이 데이터를 자료1과 자료2, 2가지로 나누어 각각의 경우에 지구의 위치를 따로 구한다.

자료 1. '태양-지구-화성 사이 이각/태양 중심의 지구 위치'를 알 때

$(x, y) = (rcos\theta, rsin\theta)$에서 r=1AU, θ는 태양 중심의 지구 위치(C열)를 참조한다.

F2=COS(RADIANS(C2)), G2=SIN(RADIANS(C2))

	A	B	C	D	E	F	G
1	날짜	태양-지구-화성 사이 이각	태양 중심의 지구 위치	공전주기 확인	m=tanθ	cosθ	sinθ
2	1969-08-17	108	324		3.077684	=COS(RADIANS(C2))	
3	1971-07-05	219	282	687	-0.80978	0.207912	-0.97815
4	1973-05-22	278	241	687	-0.38386	-0.48481	-0.87462
5	1974-01-02	111	101		0.624869	-0.19081	0.981627
6	1975-11-20	214	57	687	-57.29	0.544639	0.838671
7	1977-10-07	276	14	687	-2.74748	0.970296	0.241922
8	1980-04-09	138	199		-0.42447	-0.94552	-0.32557
9	1982-02-25	234	156	687	0.57735	-0.91355	0.406737

자료 2. '춘분점-태양-지구 사이의 각/춘분점-지구-화성 사이의 각'을 알 때

$(x, y) = (rcos\theta, rsin\theta)$에서 이 때 θ는 춘분점-태양-지구 사이의 각(B열)이다.

F11=COS(RADIANS(B2)), G11=SIN(RADIANS(B11))

	A	B	C	D	E	F	G
10	관측일	춘분점-태양-지구 사이의 각	춘분점-지구-화성 사이의 각		m=tanθ	cosθ	sinθ
11	1974-01-01	100	31		0.600861	=COS(RADIANS(B11))	
12	1975-11-19	56	91	687	-57.29	0.559193	0.829038
13	1974-03-18	177	71		2.904211	-0.99863	0.052336
14	1976-02-03	133	76	687	4.010781	-0.682	0.731354
15	1974-08-09	316	158		-0.40403	0.71934	-0.69466
16	1976-06-25	273	144	686	-0.72654	0.052336	-0.99863
17	1974-11-25	62	230		1.191754	0.469472	0.882948
18	1976-10-11	18	212	686	0.624869	0.951057	0.309017
19	1975-03-01	160	299		-1.80405	-0.93969	0.34202
20	1977-01-16	116	282	687	-4.70463	-0.43837	0.898794
21	1975-08-16	319	57		1.539865	0.75471	-0.65606
22	1977-06-28	276	46	682	1.03553	0.104528	-0.99452

H열과 I열에서 각각 화성의 x좌표, y좌표를 구한다.

앞에서 지구-화성을 지나는 직선의 기울기와 한 점(지구의 위치)을 구하였으므로 지구-화성을 지나는 직선의 방정식을 구할 수 있다.

이제 9개의 데이터 쌍에서 지구-화성을 지나는 두 직선의 교점을 구하여 화성의 위치를 구한다.(수식 도출 과정은 앞의 **스프레드시트에 이용할 수식** 자료 참고)

$$\therefore\ x=\frac{-(m_2\cos\theta_{E2}-m_1\cos\theta_{E1})+(\sin\theta_{E2}-\sin\theta_{E1})}{m_1-m_2}$$

$$y=m_1(x-\cos\theta_{E1})+\sin\theta_{E1}$$

2행의 지구-화성을 지나는 직선의 방정식과 3행의 지구-화성을 지나는 직선의 방정식의 교점(화성)의 x좌표를 H3, y좌표를 I3에서 구한다.

이 때, m1=E2, m2=E3, $\cos\theta_{E1}$=F2, $\cos\theta_{E2}$=F3, $\sin\theta_{E1}$=G2, $\sin\theta_{E2}$=G3이다.

H3=(-(E3*F3-E2*F2)+(G3-G2))/(E2-E3),

I3=E2*(H3-F2)+G2

	A	B	C	D	E	F	G	H	I
1	날짜	태양-지구-화성 사이 이각	태양 중심의 지구 위치	공전주기 확인	m=tanθ	cosθ	sinθ	x(화성)	y(화성)
2	1969-08-17	108	324		3.077684	0.809017	-0.58779		
3	1971-07-05	219	282	687	-0.80978	0.207912	-0.97815	0.583387	-1.2822
4	1973-05-22	278	241	687	-0.38386	-0.48481	-0.87462		
5	1974-01-02	111	101		0.624869	-0.19081	0.981627		
6	1975-11-20	214	57	687	-57.29	0.544639	0.838671	0.534236	1.434685
7	1977-10-07	276	14	687	-2.74748	0.970296	0.241922		
8	1980-04-09	138	199		-0.42447	-0.94552	-0.32557		
9	1982-02-25	234	156	687	0.57735	-0.91355	0.406737	-1.65806	-0.02311
10	관측일	춘분점-태양-지구 사이의 각	춘분점-지구-화성 사이의 각		m=tanθ	cosθ	sinθ	x(화성)	y(화성)
11	1974-01-01	100	31		0.600861	-0.17365	0.984808		
12	1975-11-19	56	91	687	-57.29	0.559193	0.829038	0.548896	1.418956
13	1974-03-18	177	71		2.904211	-0.99863	0.052336		
14	1976-02-03	133	76	687	4.010781	-0.682	0.731354	-0.46462	1.603216
15	1974-08-09	316	158		-0.40403	0.71934	-0.69466		
16	1976-06-25	273	144	686	-0.72654	0.052336	-0.99863	-1.72574	0.293218
17	1974-11-25	62	230		1.191754	0.469472	0.882948		
18	1976-10-11	18	212	686	0.624869	0.951057	0.309017	-1.0738	-0.95626
19	1975-03-01	160	299		-1.80405	-0.93969	0.34202		
20	1977-01-16	116	282	687	-4.70463	-0.43837	0.898794	0.065383	-1.47119
21	1975-08-16	319	57		1.539865	0.75471	-0.65606		
22	1977-06-28	276	46	682	1.03553	0.104528	-0.99452	1.418593	0.366232

H열과 I열의 9개의 화성의 위치 데이터를 블록 잡아 그래프를 그린다.

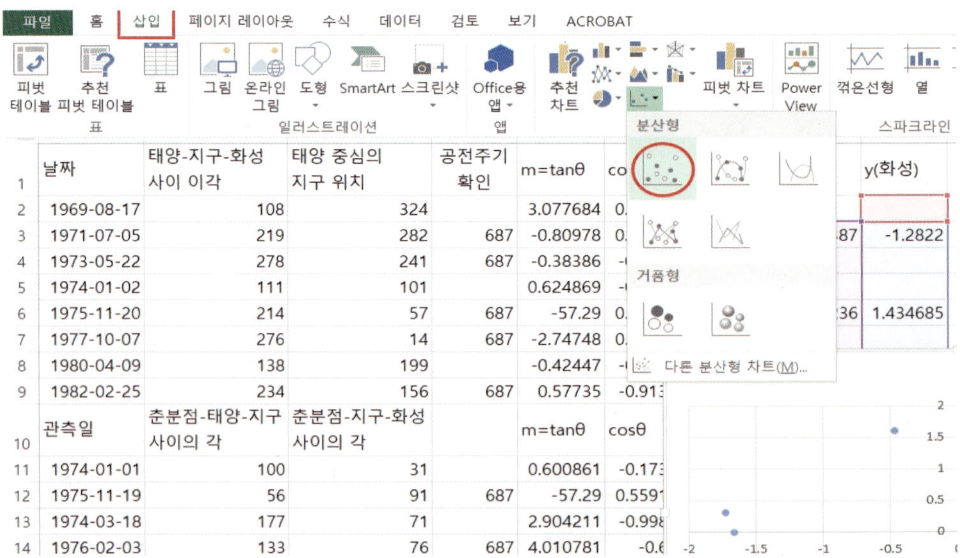

[데이터 계열 서식]-[표식]-[채우기/테두리]에서 적절히 편집하여 만들어진 화성의 그래프는 아래와 같다.

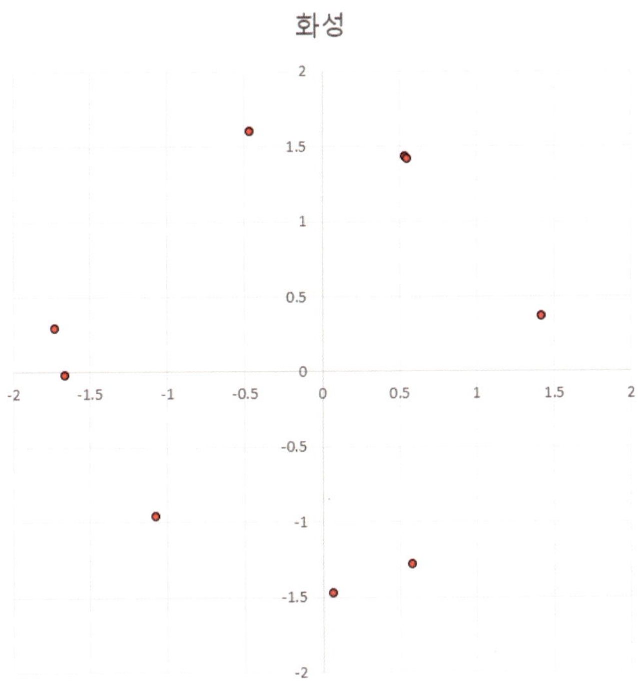

태양에서 화성까지의 거리는 1.52AU이므로 이 그래프에 반경이 1.52인 원 궤도를 추가하여 일치하는지 확인해보자.

K열에는 0°부터 360°까지 10° 간격으로 입력하고 L열에는 radians 함수를 이용하여 K열의 일반각을 라디안 값으로 바꿔준다.

M, N열에는 x, y값인 $rcos\theta$값과 $rsin\theta$값을 입력해주는데 r=1.52이며 θ값은 L열의 라디안값을 참조한다.

M2=1.52*COS(L2), N2=1.52*SIN(L2)이다.

K	L	M	N
일반각	θ(라디안)	rcosθ	rsinθ
0	0	1.52	0
10	0.174533	1.496908	0.263945
20	0.349066	1.428333	0.519871
30	0.523599	1.316359	0.76

앞서 그린 화성의 점 그래프에 M, N열의 데이터를 추가하면 아래와 같다.

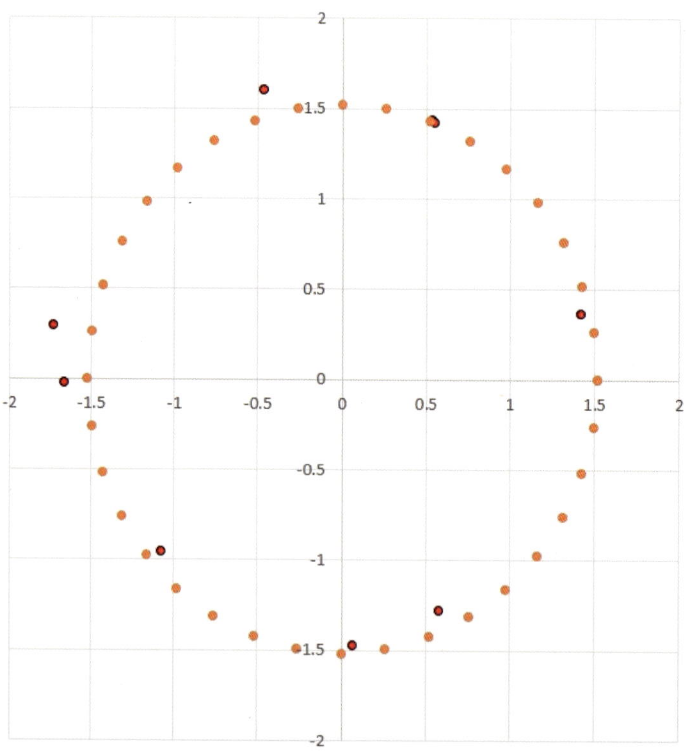

추가된 데이터를 [데이터 계열 서식]-[표식]-[표식 옵션]-[없음], [데이터 계열 서식]-[선]-[실선]-[두께] 등을 적절히 조절한다.

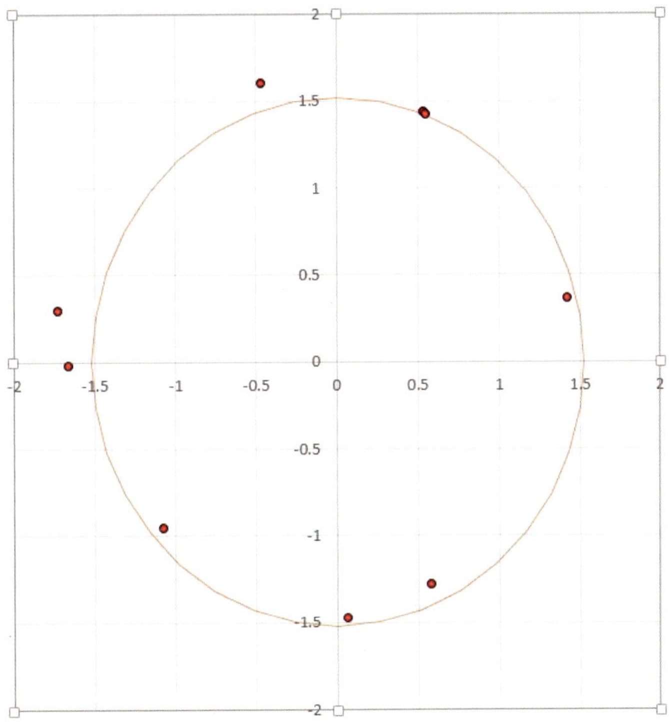

점그래프와 추가한 실선 그래프를 서로 fitting하기 위하여 실선 그래프를 x축 및 y축 방향으로 평행이동해보자. O2 셀에 x축 평행이동 값, P2 셀에 y축 평행이동 값을 입력하고 기존의 M열, N열의 x값, y값에 각각 O2, P2값을 절대참조하여 더한다. O2, P2 값을 적절히 변화시켜보며 실선그래프를 점그래프에 일치시켜준다.(예: O2=−0.15, P2=0.08) 이렇게 구한 화성의 이심률은 0.11이다. 실제 화성의 이심률은 0.0934이다.

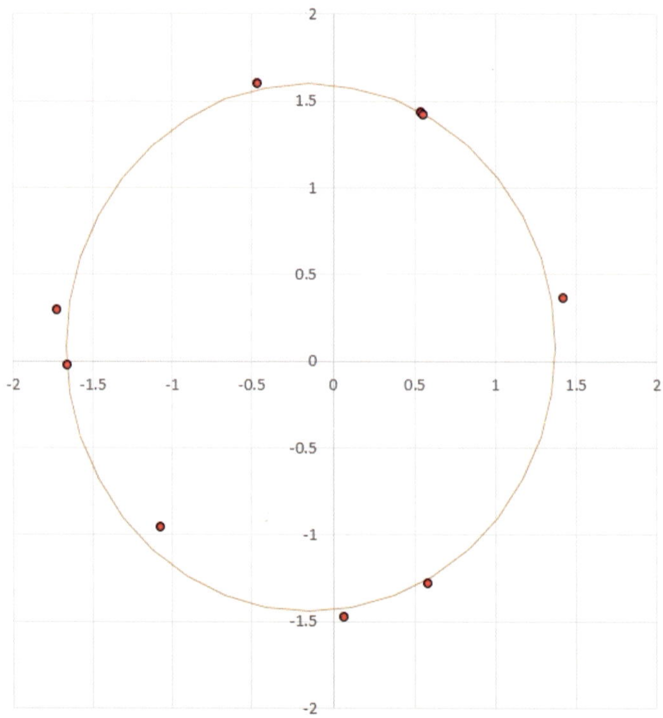

네 번째

지구의 공전궤도는 원인가?

활용할 IDEA!

사진을 찍을 때 얼굴이 작게 나오기 위해 서로 뒤에서 찍으려는 광경을 한 번쯤은 보았을 것이다. 또 셀카봉은 카메라와의 거리를 늘려주어 더 많은 각도를 사진에 담을 수 있게 해준다. 이때 사진에 현상되어 나오는 크기를 ℓ이라고 하면, $\ell = r\theta$이므로, 사진에 현상된 크기가 크다는 것은 '시각(θ)'이 크다는 것을 의미한다. 또한 똑같은 물체라도 카메라와의 '거리(r)'가 멀어질수록 사진에 찍혀 나오는 크기(ℓ)는 점점 작아진다.

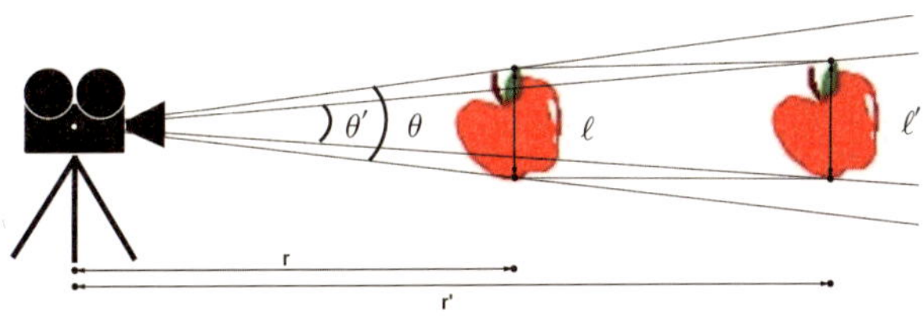

| 그림 4-1 | 거리에 따른 시각의 변화

$$\ell = r\theta,\ \ \ell \propto \theta,\ \theta \propto \frac{1}{r},\ \ \therefore\ \ell \propto \frac{1}{r}$$

지구의 공전궤도가 원인지 증명하기 위해서 태양으로부터 지구까지의 거리가 일정한지 알아보면 된다. 위 아이디어를 활용하여, 지구에서 태양을 관측 했을 때 '태양의 크기(ℓ)'는 지구와 태양 사이의 거리(r)에 반비례하므로, 만약 우리가 측정한 태양의 크기 값(ℓ)이 일정하다면 지구와 태양 사이의 거리(r)가 일정함을 증명하게 되는 것이다.

자료의 활용

우리는 태양사진 자료를 활용하여 지구와 태양 사이의 거리가 일정하며, 지구의 공전궤도가 원임을 증명할 것이다. 이 때 태양 사진은 "SOHO (ESA & NASA)"의 자료로서(http://sohowww.nascom.nasa.gov) 약 15일 간격으로 14개월 간 태양을 28회에 걸쳐 촬영한 사진이다.

2009/12/01 00:54

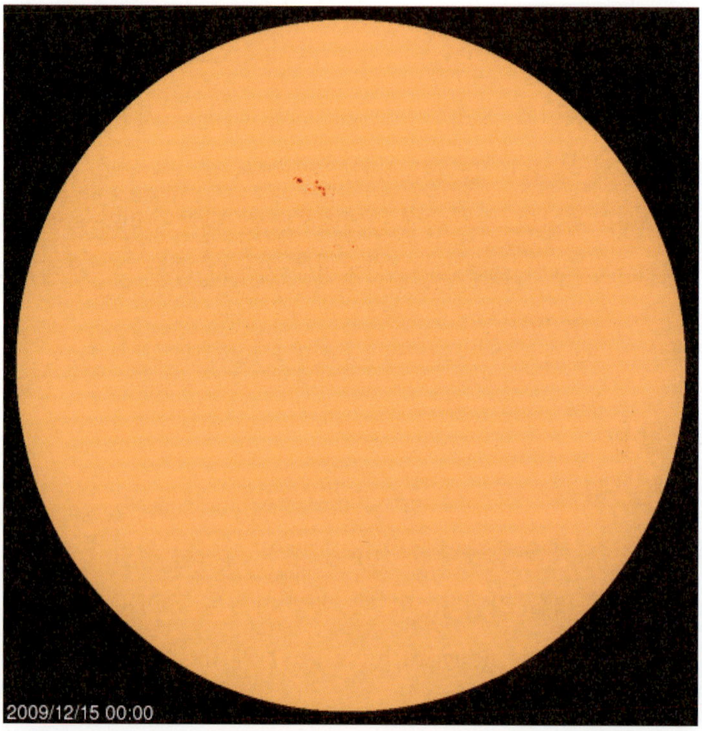
2009/12/15 00:00

2010/01/01 16:00

2010/01/15 00:00

2010/02/01 08:22

2010/02/15 03:12

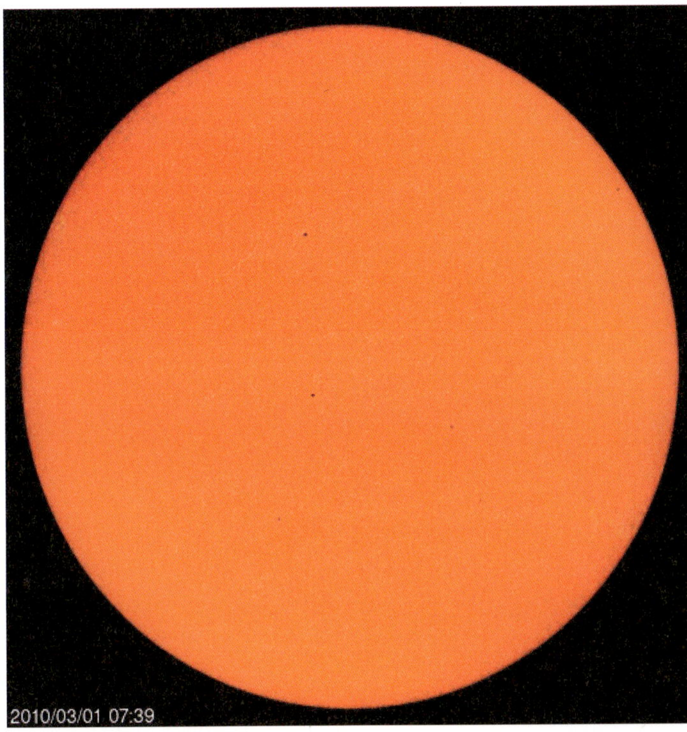
2010/03/01 07:39

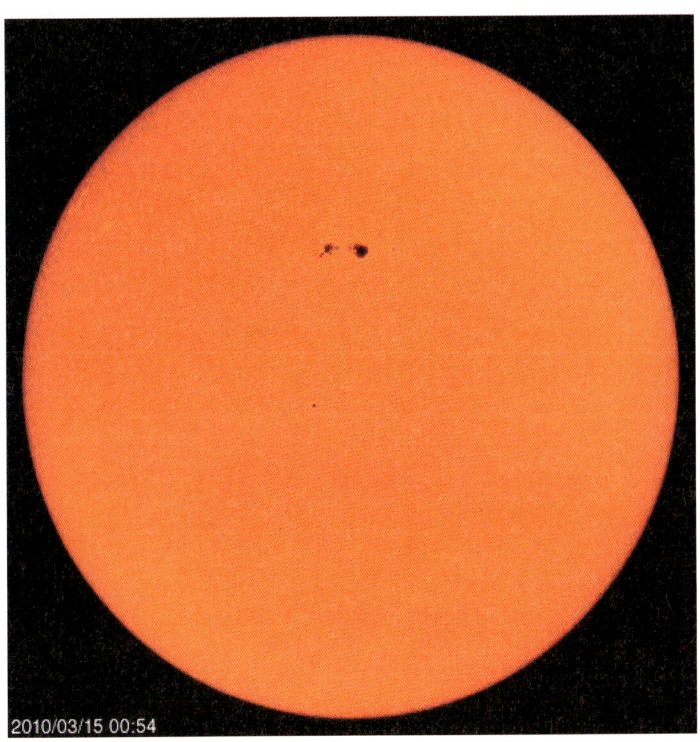
2010/03/15 00:54

2010/04/01 08:41

2010/04/15 09:03

2010/05/01 09:29

2010/05/15 00:00

2010/06/01 08:16

2010/06/16 00:00

2010/07/01 08:00

2010/07/15 00:59

2010/08/01 01:31

2010/08/15 06:47

2010/09/01 09:07

2010/09/15 05:23

2010/10/01 04:49

2010/10/15 09:16

2010/11/01 04:17

2010/11/15 08:46

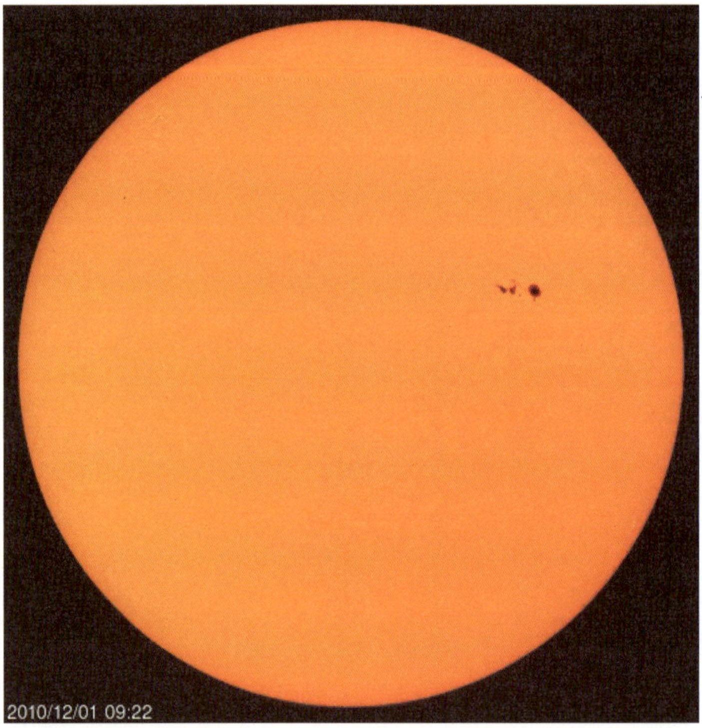
2010/12/01 09:22

2010/12/15 08:27

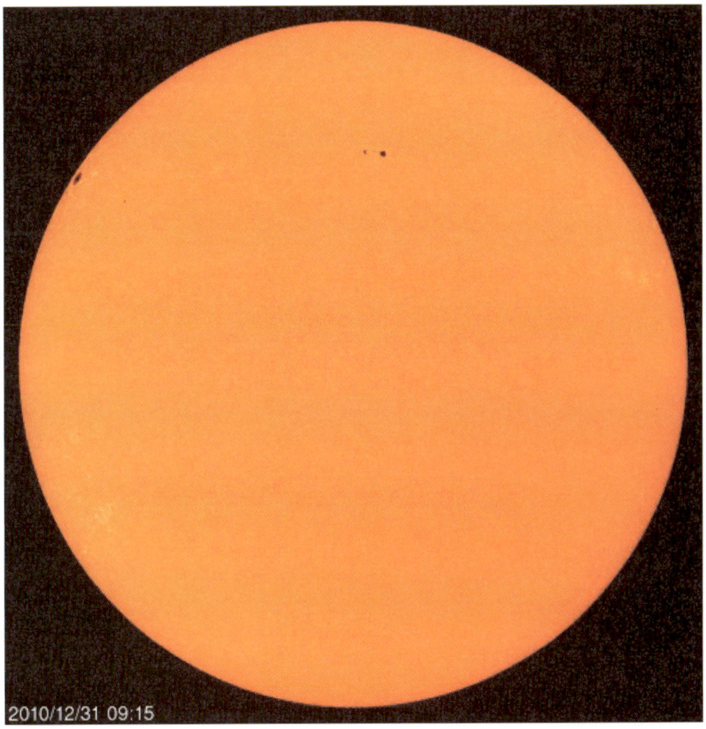
2010/12/31 09:15

2011/01/11 00:27

태양 크기 측정하기

지구와 태양 사이 거리가 일정한지 알아보기 위하여 태양의 크기를 측정해본다. 위 태양 사진 자료(SOHO(ESA & NASA))에서 자를 이용하여 태양의 크기를 측정할 것이다.

이때 중요한 것은 측정이 한 번으로 끝나선 안 된다는 것이다. 측정에는 항상 오차가 있기 마련이다. 이때 여러 번 또는 여러 사람이 측정하여 **평균치**와 **측정오차**를 구한다.

태양의 크기를 측정한다는 것은 태양의 직경을 구하는 것이고, 태양의 직경을 구하기 위해서는 태양의 중심을 지나는 선분을 구하면 된다. 태양의 중심을 지나는 선분을 구하는 방법 중 다음 2가지를 소개하겠다(**〈표 4-1〉**).

[방법1] 원에 내접하는 직각삼각형의 빗변은 원의 중심을 지난다.
[방법2] 원의 두 점을 이은 선분(현)의 수직이등분선은 원의 중심을 지난다.

〈표 4-1〉 원의 중심 구하기

[방법1]	[방법2]
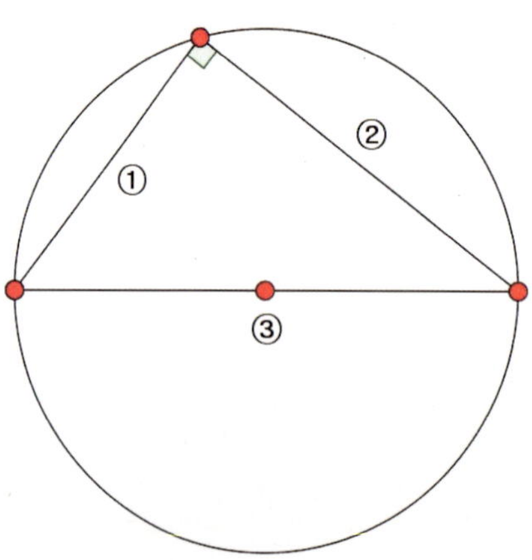	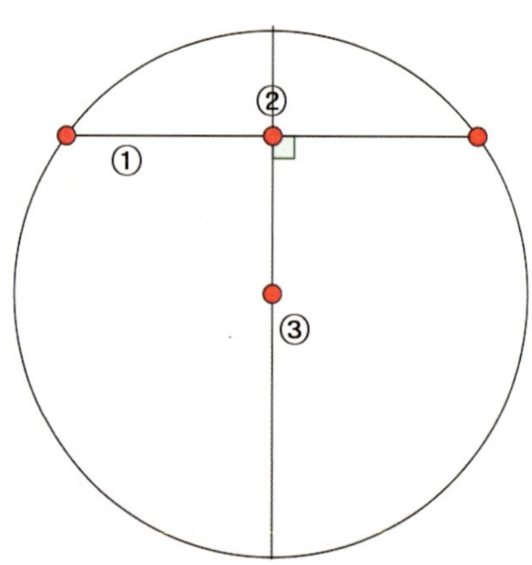

실제 수업에서는 학생들을 둘씩 짝지어 [방법1]과 [방법2] 중 각자 원하는 방법을 택하여 측정함으로써 데이터 세트를 만들면 좋다. 여기서는 10명의 학생들이 방법1과 방법2로 반반 나누어 측정하여 총 10쌍의 데이터 세트를 얻었다.

다음은 10명의 학생들이 측정한 값을 스프레드시트 프로그램에 입력한 결과이다. 또한 스프레드시트의 평균 및 표준편차 함수를 이용하여 10개 데이터 쌍의 평균값과 그 측정오차를 구하였다.

	A	B	C	D	E	F	G	H	I	J	K	L	M	N	O
1	날짜	시	분	권○○	김○○	박○○	라○○	심○○	조○○	양○○	이○○	하○○	장○○	크기 평균	측정오차
2	2009-12-01	0	54	9.20	9.20	9.19	9.15	9.18	9.26	9.20	9.17	9.18	9.20	9.19	0.03
3	2009-12-15	0	0	9.21	9.21	9.20	9.20	9.20	9.23	9.22	9.20	9.20	9.19	9.21	0.01
4	2010-01-01	16	0	9.12	9.11	9.11	9.11	9.11	9.12	9.12	9.11	9.12	9.10	9.11	0.01
5	2010-01-15	0	0	9.10	9.20	9.11	9.10	9.10	9.11	9.11	9.09	9.10	9.10	9.11	0.03
6	2010-02-01	8	22	9.13	9.10	9.09	9.10	9.10	9.11	9.10	9.09	9.08	9.08	9.10	0.01
7	2010-02-15	3	12	9.15	9.19	9.10	9.12	9.12	9.15	9.10	9.10	9.11	9.11	9.13	0.03
8	2010-03-01	7	39	9.15	9.13	9.08	9.12	9.11	9.18	9.12	9.11	9.12	9.10	9.12	0.03
9	2010-03-15	0	54	9.10	9.15	9.07	9.11	9.10	9.18	9.12	9.10	9.10	9.11	9.11	0.03
10	2010-04-01	8	41	9.11	9.10	9.06	9.11	9.09	9.13	9.10	9.10	9.10	9.10	9.10	0.02
11	2010-04-15	9	3	9.08	9.10	9.02	9.10	9.05	9.10	9.08	9.02	9.01	9.01	9.06	0.04
12	2010-05-01	9	29	9.08	9.03	8.99	9.01	9.00	9.04	9.00	9.00	9.00	9.00	9.02	0.03
13	2010-05-15	0	0	9.00	9.00	8.92	8.99	9.00	9.01	9.00	8.95	8.95	9.00	8.98	0.03
14	2010-06-01	8	16	8.99	8.95	8.91	8.92	8.94	9.00	8.93	8.91	8.94	8.91	8.94	0.03
15	2010-06-16	0	0	9.00	9.00	8.92	8.99	8.96	9.00	8.97	8.93	8.95	8.95	8.97	0.03
16	2010-07-01	8	0	9.00	8.98	8.91	8.98	8.95	9.01	8.98	8.92	8.92	8.94	8.96	0.04
17	2010-07-15	0	59	9.00	8.99	8.91	8.99	8.95	9.02	8.95	8.92	8.92	8.98	8.96	0.04
18	2010-08-01	1	31	9.01	8.98	8.93	9.00	8.97	9.03	9.00	8.99	9.00	9.00	8.99	0.03
19	2010-08-15	6	47	9.00	9.01	8.98	9.02	8.99	9.02	8.99	8.95	8.98	8.99	8.99	0.02
20	2010-09-01	9	7	9.05	9.00	9.00	9.01	9.00	9.05	9.01	8.99	9.00	9.00	9.01	0.02
21	2010-09-15	5	23	9.05	9.08	9.01	9.02	9.00	9.04	9.01	9.00	9.00	9.00	9.02	0.03
22	2010-10-01	4	49	9.08	9.03	9.00	9.04	9.00	9.08	9.06	9.01	9.02	9.02	9.03	0.03
23	2010-10-15	9	16	9.10	9.11	9.02	9.11	9.09	9.12	9.10	9.09	9.09	9.11	9.09	0.03
24	2010-11-01	4	17	9.18	9.13	9.11	9.10	9.13	9.19	9.12	9.11	9.12	9.12	9.13	0.03
25	2010-11-15	8	46	9.17	9.20	9.11	9.15	9.13	9.20	9.16	9.14	9.18	9.19	9.16	0.03
26	2010-12-01	9	22	9.20	9.18	9.12	9.17	9.12	9.19	9.15	9.14	9.19	9.16	9.16	0.03
27	2010-12-15	8	27	9.20	9.21	9.12	9.19	9.17	9.18	9.16	9.12	9.15	9.15	9.17	0.03
28	2010-12-31	9	15	9.20	9.20	9.13	9.20	9.13	9.21	9.17	9.13	9.12	9.13	9.16	0.04
29	2011-01-11	0	27	9.16	9.11	9.11	9.15	9.11	9.15	9.11	9.11	9.12	9.12	9.13	0.02

| 그림 4-2 | 학생들의 태양(이미지) 직경 측정 자료

스프레드시트에 이용할 수식

▌그림 4-2▐에서 태양 이미지의 직경을 10명이 측정하여 평균낸 값인 'N'열의 '크기 평균' 부분을 살펴보면 태양 이미지 크기가 대략 9cm내이며, 그 최대값과 최소값의 차이는 0.27cm이다. 0.27cm는 그래프로 나타내면 거의 차이가 없다고 볼 수 있으나, 실제 태양의 직경이 약 139만km라는 것을 감안하면 이는 무시할 수 없는 값이다. 즉, 측정오차를 감안하더라도 태양 크기가 완전히 일정한 것이 아니라는 것을 알 수 있다. 또한, 태양의 시직경은 지구와 태양 사이의 거리에 반비례하므로 이 결과를 통해 지구와 태양 사이의 거리가 완전히 일정하지는 않다는, 즉 완벽한 원 궤도가 아니라는 것을 알 수 있다.

앞으로는 지구 궤도가 타원 궤도라는 가정을 갖고, 스프레드시트 프로그램을 이용하여, 직접 측정한 데이터로 나타낸 그래프와, 수학적으로 fitting 한 타원방정식 그래프를 서로 비교하여 일치하는지 확인해볼 것이다. 이를 위하여 타원방정식과 관련된 배경지식이 필요하다. 타원방정식은 타원의 정의를 이용하여 구한다.

타원의 정의는 다음과 같다.

"두 정점으로부터의 거리의 합이 일정한 점의 자취"

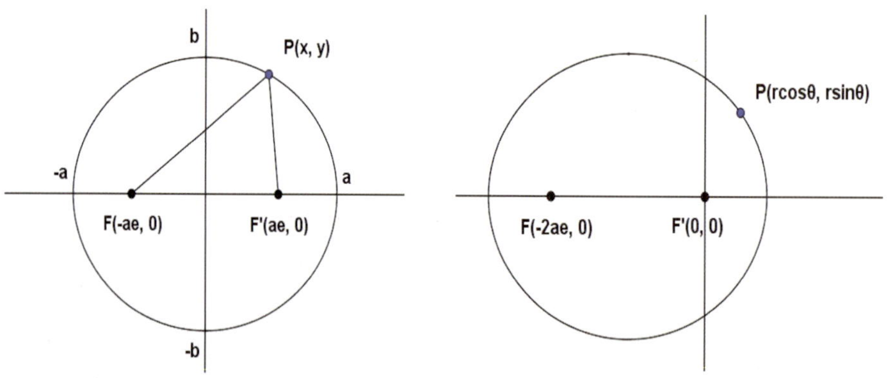

▌그림 4-3▐ 타원의 정의에 의한 타원　　▌그림 4-4▐ 한 초점을 원점에 둔 타원

┃그림 4-3┃과 같이 두 초점을 각각 $F(-ae,\ 0)$, $F'(ae,\ 0)$, 타원 위의 임의의 점을 $P(x,\ y)$라 하면 타원의 정의는 다음과 같은 수식으로 나타낼 수 있다(여기서 e는 이심률을 의미한다).

$$\overline{PF}+\overline{PF'}=2a$$

이기에

$$\sqrt{(x+ae)^2+y^2}+\sqrt{(x-ae)^2+y^2}=2a$$

이다. 위 식을 정리하면 아래와 같은 타원의 방정식이 나온다.

$$\frac{x^2}{a^2}+\frac{y^2}{b^2}=1$$

┃그림 4-4┃와 같이 실제로 태양의 위치는 타원의 한 초점에 위치하므로 ┃그림 4-3┃의 타원 그래프를 x축 방향으로 $-ae$만큼 평행이동 시키고 지구의 위치를 점 $P(rcos\theta,\ rsin\theta)$로 나타낸 타원의 방정식은 다음과 같다.

$$\overline{PF}+\overline{PF'}=2a$$
$$\sqrt{(rcos\theta+2ae)^2+(rsin\theta)^2}+\sqrt{(rcos\theta)^2+(rsin\theta)^2}=2a$$

이를 태양과 지구 사이의 거리 r에 대하여 정리해보면

$$\sqrt{(rcos\theta+2ae)^2+(rsin\theta)^2}+r=2a$$
$$\left(\sqrt{(rcos\theta+2ae)^2+(rsin\theta)^2}\right)^2=(2a-r)^2$$
$$r^2\cos^2\theta+4aercos\theta+4a^2e^2+r^2\sin^2\theta=4a^2-4ar+r^2$$

$$4aercos\theta + 4a^2e^2 + r^2 = 4a^2 - 4ar + r^2$$
$$ar(1 + ecos\theta) = a^2(1 - e^2)$$
$$\therefore r = \frac{a(1-e^2)}{1+ecos\theta}$$

앞에서 살펴본 것처럼 이미지크기(ℓ)는 거리(r)에 반비례하므로 $\frac{1}{r}$을 구하면

$$\frac{1}{r} = \frac{1+ecos\theta}{a(1-e^2)} = \frac{1}{a(1-e^2)} + \frac{ecos\theta}{a(1-e^2)}$$

이므로

$$\frac{1}{r} = A + B\cos\theta$$

의 형태로 볼 수 있고, 이때 $\frac{B}{A} = e$ 즉, 이심률이다. $\ell \propto \frac{1}{r}$ 이므로

$$\ell \propto A + B\cos\theta$$

이다. 스프레드시트에서 $\ell = A + B\cos\theta$ 로 놓고 A, B 값을 임의로 조정하면서 ❙그림 4-2❙의 태양(이미지) 직경 측정 데이터 값에 피팅하고, $\frac{B}{A} = e$ 값도 구해볼 것이다.

스프레드시트 이용하여 지구의 공전궤도 그리기

스프레드시트 프로그램을 실행하여 새로운 창을 연다.

❙그림 4-2❙의 태양 직경 측정 데이터에서 '날짜/시/분/크기 평균/측정오차' 데이터만 복사하여 가져온다.

	A	B	C	D	E
1	날짜	시	분	크기 평균	측정오차
2	2009-12-01	0	54	9.19	0.03
3	2009-12-15	0	0	9.21	0.01
4	2010-01-01	16	0	9.11	0.01
5	2010-01-15	0	0	9.11	0.03
6	2010-02-01	8	22	9.10	0.01
7	2010-02-15	3	12	9.13	0.03
8	2010-03-01	7	39	9.12	0.03
9	2010-03-15	0	54	9.11	0.03
10	2010-04-01	8	41	9.10	0.02
11	2010-04-15	9	3	9.06	0.04
12	2010-05-01	9	29	9.02	0.03
13	2010-05-15	0	0	8.98	0.03
14	2010-06-01	8	16	8.94	0.03
15	2010-06-16	0	0	8.97	0.03
16	2010-07-01	8	0	8.96	0.04
17	2010-07-15	0	59	8.96	0.04
18	2010-08-01	1	31	8.99	0.03
19	2010-08-15	6	47	8.99	0.02
20	2010-09-01	9	7	9.01	0.02
21	2010-09-15	5	23	9.02	0.03
22	2010-10-01	4	49	9.03	0.03
23	2010-10-15	9	16	9.09	0.03
24	2010-11-01	4	17	9.13	0.03
25	2010-11-15	8	46	9.16	0.03
26	2010-12-01	9	22	9.16	0.03
27	2010-12-15	8	27	9.17	0.03
28	2010-12-31	9	15	9.16	0.04
29	2011-01-11	0	27	9.13	0.02

맨 윗 행에 한 행을 삽입하여 셀 A1에 '기준이 되는 날짜'를 입력한다. 기준점을 x축 양의 방향(춘분점 방향), 즉 지구가 추분날 자정일 때(2009년 9월 21일, 00:00)로 잡고, 지구가 이 기준으로부터 얼만큼 공전하였는지를 나타내고자 한다.

	A	B	C
1	2009-09-21	0	0
2	날짜	시	분
3	2009-12-01	0	54
4	2009-12-15	0	0

또한 C열 및 D열 사이에 2열을 삽입하여 D열과 E열에 각각 '기준 날짜로부터 흐른 시간'과 '지구가 공전하면서 이동한 각'을 구한다.

D열의 '흐른 시간'의 단위는 '일(日)'을 기준으로 하므로 B, C열의 값을 '일' 단위로 환산하기 위하여 'A열 값(일)+B열 값(시)/24+C열 값(분)/1440'의 방법으로 구한다.

또한 기준일 값 또한 '일' 단위로 환산하여 기준일과의 차이값을 구한다.

	A	B	C	D	E	F	G	H
1	2009-09-21	0	0					
2	날짜	시	분	흐른 시간	이동한 각	크기 평균	측정오차	
3	2009-12-01	0	54	=(A3+B3/24+C3/1440)-($A$1+$B$1/24+$C$1/1440)				

E열의 '이동한 각'은 지구 공전주기 365.25일에 대하여 D열의 '흐른 시간' 동안 지구가 공전하면서 이동한 각을 의미하므로 'D열 값/365.25*360°'의 방법으로 구한다.

D	E	F
흐른 시간	이동한 각	크기 평균
71.0375	=D3/365.25*360	
85	83.77823	9.21

E열(이동한 각), F열(크기 평균)을 블록 잡아 그래프로 나타내면 다음과 같다.

E	F	G
이동한 각	크기 평균	측정오차
70.01643	9.19	0.03
83.77823	9.21	0.01
101.191	9.11	0.01
114.3326	9.11	0.03
131.4319	9.10	0.01
145.0185	9.13	0.03
159	9.12	0.03
172.5216	9.11	0.03
189.5969	9.10	0.02
203.4107	9.06	0.04
219.1985	9.02	0.03
232.6078	8.98	0.03
249.7029	8.94	0.03

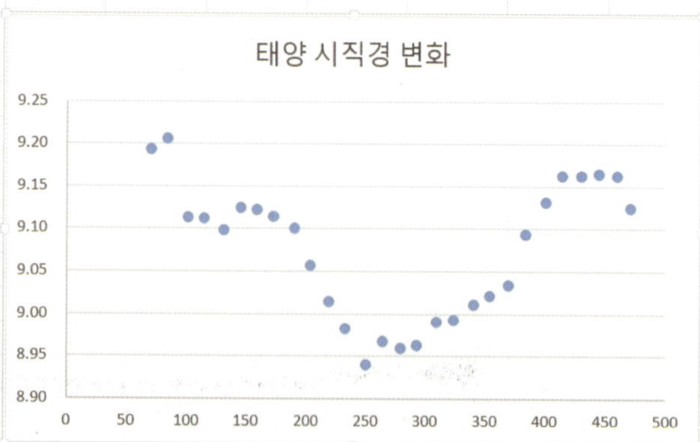

▌그림 4-5▐ '태양 시직경 변화' 그래프

$\ell = A + B\cos\theta$ 을 활용하여(스프레드시트에 이용할 수식 참고) 각도에 따른 수학적 그래프를 그리고, ▌그림 4-5▐ 의 직접 측정한 값으로 그린 그래프에 fitting해볼 것이다.

I열에는 '각도'를 0°부터 10°간격으로 입력한다. E열의 최대값이 약 470.16이므로 0°에서 480°까지 입력한다.

J열에는 $\ell = A + B\cos\theta$ 값을 입력한다. I열 및 J열의 데이터를 방금 구한 '태양 시직경 변화' 그래프(▌그림 4-5▐)에 추가하여 서로 fitting 시킬 것이다.

이를 위해 A(y축 방향 평행이동), B(진폭), θ_0(x축 방향 평행이동), e(=B/A) 값 입력을 위해 맨 위에 4행을 삽입한다.

I	J	K	L
A=	9.075		
B=	0.135		
e=B/A	0.014876033		
θo=	0		
fitting			
각도	A+B cos(θ-θo)		
0	=$J$1+$J$2*COS(RADIANS(I7)-$J$4)		

J열 값은 A, B, θ_0값을 절대참조하고 θ값은 I열의 각도를 라디안함수를 사용하여 참조한다.

이제 '태양 시직경 변화' 그래프에 I열 및 J열 데이터를 추가하고, A, B, θ_0값을 임의로 변화시키며 기존 그래프에 fitting 시켜보겠다.

이 때, A, B, θ_0값을 아무 근거없이 무작위로 대입하는 것이 아니다.
$y - A = B\cos(\theta - \theta_0)$ 그래프에서 A(y축 방향 평행이동), B(진폭), θ_0(x축 방향 평행이동)값 중 어떤 값을 먼저 구해보는 것이 좋겠는가?

이 함수의 최대값, 최소값과 관련 있는 B값을 먼저 구해보자. 이를 위해 F열의 최대값, 최소값을 구해보면 Max=9.21, min=8.94이다. Max−min=0.27이나.

$y = \cos x$ 그래프에서 B값이 1일 때, Max−min=1−(−1)=2이다.

즉, Max−min 값이 2에서 0.27로 0.135배(0.27/2 = 0.135) 되었음을 알 수 있다. 따라서 B값도 1에 0.135배 해준 0.135이다.

B값이 0.135이므로 $y = Bcosx$ 그래프의 최대값은 0.135이다. F열의 최대값은 9.21이므로 y축 방향으로 9.075만큼(9.21−0.135) 이동했음을 알 수 있다. 따라서 A값은 9.075이다. 방금 구한 A, B값은 모두 대략적인 값들이다.

A와 B값이 대강 결정되면 그래프는 아래의 주황색 그래프와 같다. 이때 A와 B값을 조금씩 변화시키며 fitting 하는 것이다.

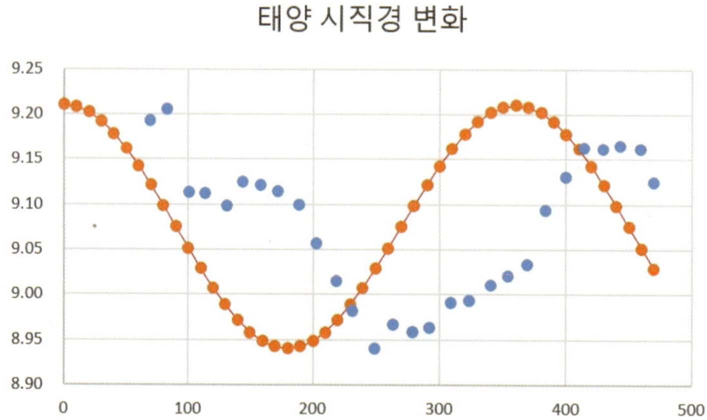

┃그림 4-6┃ 그래프 fitting 과정

┃그림 4-6┃의 두 그래프의 진폭이나 최대값, 최소값이 비슷한 것을 알 수 있다. 이제 주황색 그래프를 파랑색 그래프에 fitting 할 수 있도록 θ_0(x축 방향으로 평행이동 값)을 조금씩 변화시켜 보겠다.

┃그림 4-7┃처럼 파랑색 그래프에 G열(측정오차)의 표준편차 값을 오차막대로 나타낸 후 θ_0값 변화에 따라 주황색 그래프의 이동을 살펴보며 파랑색 그래프에

fitting 한다. 이렇게 구한 지구의 이심률은 약 0.015정도인데 실제 값은 0.0167이다. 또한 **▍그림 4-7▍**의 fitting 결과로부터 1월 초에 지구는 태양으로부터 가깝고, 7월 초에 지구가 태양에서 먼 것을 알 수 있다. 따라서 계절의 변화는 태양과 지구 사이의 거리 변화로 설명할 수가 없다.

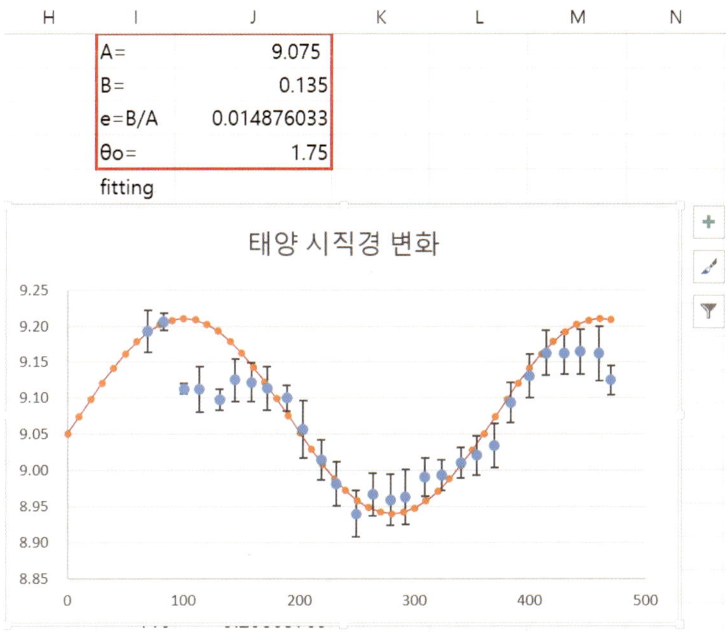

▍그림 4-7▍ 그래프 fitting 예시

지금부터는 다른 방법으로 증명해 볼 것이다. 지구-태양 사이의 거리가 1AU이므로 반지름이 1인 수학적 원(원 방정식)그래프를 그리고, 이 그래프에 직접 측정한 데이터 E, F열 값들로부터 거리 r을 구하여 $x = rcos\theta$, $y = rsin\theta$인 원그래프를 추가하여 서로 fitting 되는지 살펴볼 것이다.

먼저 수학적인 원을 그리기 위하여 0°부터 10°간격으로 입력한 I열의 각도 데이터를 참조하여 반지름이 1인 원의 x, y 좌표를 구하고 이를 그래프로 나타낸다.

이때 x값을 나타내는 K열의 값은 $1 \times \cos(radians(I\text{열 값}))$, y값을 나타내는 L열 값은 $1 \times \sin(radians(I\text{열 값}))$으로 구한다.

그다음 K열 및 L열의 데이터를 블록잡아 그래프로 나타내면 **▍그림 4-8▍**과 같다.

각도	A+B cos(θ-θo)	x(r=1)	y(r=1)
0	9.050936782	1	0
10	9.074369451	0.984808	0.173648
20	9.097821279	0.939693	0.34202
30	9.120579694	0.866025	0.5
40	9.141953193	0.766044	0.642788
50	9.161292352	0.642788	0.766044
60	9.178009563	0.5	0.866025
70	9.19159688	0.34202	0.939693
80	9.20164146	0.173648	0.984808
90	9.207838103	6.13E-17	1
100	9.209998527	-0.17365	0.984808
110	9.20805709	-0.34202	0.939693
120	9.20207278	-0.5	0.866025
130	9.192227429	-0.64279	0.766044

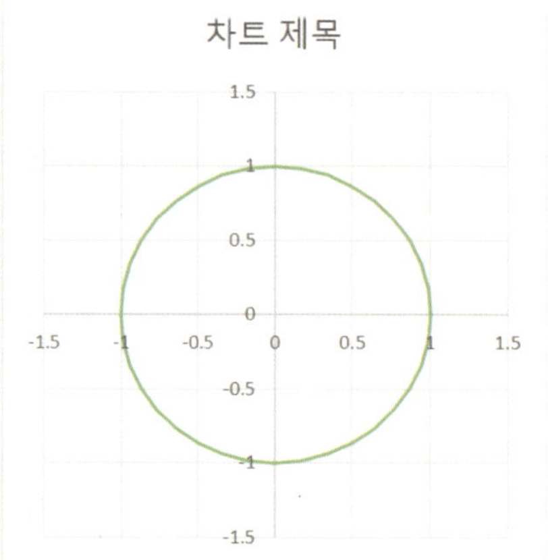

| 그림 4-8 | 반지름이 1인 수학적 원그래프 그리기

이번에는 태양의 이미지크기(ℓ)를 직접 측정한 값(F열)으로부터 태양-지구 사이 거리(r)를 환산하여, 반지름이 r인 원의 $x = rcos\theta$, $y = rsin\theta$ 좌표를 나타낸다.

이미지크기(ℓ)는 거리(r)에 반비례하므로 r값은 'ℓ의 역수'에 비례한다고 생각할 수 있다. **| 그림 4-8 |** 의 반지름이 1인 원그래프에 fitting 하기 위하여 F열 전체 평균값을 구하여 이 평균값에 대한 상대적인 크기 값을 ℓ이라 하고 이 ℓ값의 역수를 r값으로 구한다.

	A	B	C	D	E	F	G
4						average=	9.08
5	2009-09-21	0	0				
6	날짜	시	분	흐른 시간	이동한 각	크기 평균	측정오차
7	2009-12-01	0	54	71.0375	70.01643	9.19	0.03
8	2009-12-15	0	0	85	83.77823	9.21	0.01
9	2010-01-01	16	0	102.6667	101.191	9.11	0.01

예를 들어 셀 F7값(=9.19)은 2009년 12월 1일의 태양 이미지 크기를 10명이 자로 측정한 값들의 평균값이다. 이 F7의 상대적인 값을 구하기 위해 F7를 F열 전체의 평균값(G4=9.08)로 나누면 $F7 \div G4 = 9.19 \div 9.08 \fallingdotseq 1.01$이다. 이 값은 이미지 크기의 상대적인 값 ℓ을 의미하므로, 거리 r은 ℓ의 역수를 구해야 한다. 따라서

$r = G4 \div F7 = 9.08 \div 9.19 \fallingdotseq 0.99$이다. 이렇게 구한 r값들을 M열에 나타낸다.

N열 및 O열에는 반지름으로 M열의 값을 참조하는 x, y값을 구한다.
M열의 값은 직접 측정한 데이터로부터 구한 값이므로, $x = rcos\theta$, $y = rsin\theta$에서 θ값 또한 직접 측정한 데이터로부터 구한다. 즉 E열의 값을 참조한다.

▌그림 4-8▌의 반지름이 1인 수학적 원 그래프에 N열 및 O열의 데이터를 각각 x, y값으로 추가한다. 완성된 그래프는 ▌그림 4-9▌와 같다.

M	N	O
r(측정)	x(r=M열)	y(r=M열)
0.987234	0.337388	0.927793
0.98584	0.106842	0.980033
0.995901	-0.19328	0.976964
0.99601	-0.41039	0.907533
0.997543	-0.6601	0.7479
0.994591	-0.81491	0.570211
0.994918	-0.92884	0.356547
0.995791	-0.98732	0.129605
0.997323	-0.98337	-0.16627
1.002058	-0.91957	-0.39814
1.006727	-0.78017	-0.63626
1.010426	-0.6136	-0.80278
1.015173	-0.35215	-0.95214
1.012116	-0.1032	-1.00684

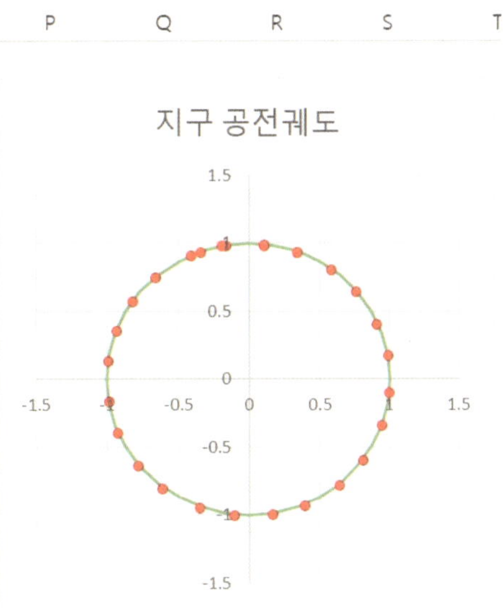

▌그림 4-9▌ 수학적 원그래프와 측정 데이터 fitting 결과

- **필요한 가정**: 지구 공전궤도가 '타원 궤도'이며, 그 초점의 하나에 태양이 있다고 가정하고, 타원방정식을 활용하였다.
- **필요한 지식**: 태양의 크기(ℓ)는 지구와 태양 사이의 거리(r)와 반비례함, 원의 중심을 지나는 선 긋는 방법, 타원의 정의 및 타원방정식 등이다.
- **탐구 활동**: 사진 속 태양의 크기를 자로 측정해보고, 스프레드시트를 활용하여 지구궤도를 그래프로 나타내었다.
- **자료의 활용**: "SOHO (ESA & NASA)"의 태양 사진을 활용하였다.

• **모델의 활용:** 행성 궤도가 타원이고, 그 초점의 하나에 태양이 위치한 타원 모델을 활용하여 스프레드시트에 이용할 수식을 구하였다.

스프레드시트의 결과물을 보면 지구의 공전궤도는 거의 원에 가까운 타원 궤도임을 알 수 있다. 이는 지구 공전 궤도의 이심률이 매우 작기 때문이다. 마지막 주제로는 오늘 행성의 위치 데이터를 기반으로 1년 뒤 행성 위치를 예측할 수 있는지에 대한 궁금증을 해결해보겠다.

다섯 번째

달의 궤도도 원 궤도인가?

우리는 앞에서 지구의 궤도는 이심률이 아주 작아 거의 원 궤도와 같다는 것을 보았다. 지구의 궤도를 구할 때의 아이디어는 지구와 태양 사이의 거리가 멀어지면 태양의 시직경이 작아진다는 것이었다. 궤도를 구한다는 것은 거리뿐 아니라 태양 중심 경도(longitude)도 알아야 하기 때문에 지구의 경우는 지구의 공전각속도가 일정하다는 가정을 하고, 추분날 자정에 춘분점이 남중한다는 사실을 이용하여 날짜에 따른 지구의 태양 중심 경도를 구했다. 공전 속도가 일정하다는 가정은 결국 지구의 궤도가 거의 원 궤도일 때만 합당하다.

달의 궤도를 구할 때에도 달을 관측하였을 때에 달의 시직경을 측정하여 달까지의 거리를 구할 수 있다. 즉 달의 시직경이 작으면 달까지의 거리가 멀다. 지구와 마찬가지로 달의 태양 중심 경도를 결정하여야 하는데 우리는 두 가지 방법을 제시하려 한다.

보름달 관측 이용

보름달은 ▌그림 5-1▐ 과 같이 태양의 반대쪽에 달이 있을 때에 관측된다. ▌그림 5-1▐ 과 같이 x축 방향을 춘분점의 방향이라 하였을 때 달의 태양 중심 경도는 지구의 태양 중심 경도와 같다. 따라서 보름달의 관측 시각이 중요하다. 일반적으로 한 해의 9월 21일 경에 태양-지구 방향이 춘분점의 방향이다. 따라서 보름달의 관측시각을 t라 하면 보름달의 태양 중심 경도 ℓ은

$$\ell = \frac{360^\circ}{365.25} \times (t - 9\text{월 } 21\text{일})$$

이 된다. 그리고 달까지의 거리 r은 보름달 이미지 크기 D의 역수에 비례한다. 즉

$$r \propto \frac{1}{D}$$

이다.

▌그림 5-3▌은 2016년에 관측한 보름달 사진이다. 보름달의 크기를 자로 측정하고 그 보름달의 관측날짜를 이용하여 그린 달의 궤도가 ▌그림 5-2▌이다. ▌그림 5-2▌의 원은 반지름이 1이다. 이심률이 e, 장반경이 a인 타원을 실제로 그려보면, 단반경 b는 $b=a\sqrt{1-e^2}$이다. 그런데 $e \ll 1$이면, $b \simeq a$가 되어 반경이 a인 원과 구별이 되지 않는다. 대신 타원의 중심과 한 초점사이의 거리는 ae이기에 이는 비교적 구별해내기 쉽다. ▌그림 5-2▌에서 달의 궤도는 지구를 한 초점에 두는 타원 궤도인데 이는 이심률이 작기에 거의 원과 같은 형태이다. 대신 이심률이 작은 타원의 중심은 지구가 위치하는 초점에서 ae의 거리만큼 벗어나 있다. 이 거리, 즉 이심률이 작은 타원의 중심과 지구가 위치하는 초점 사이의 거리를 이용하여 우리는 달의 이심률 e를 구할 수 있다. ▌그림 5-2▌에서 $a=1$이고 중심의 좌표가 (−0.05, −0.035)이기에 이심률 e는

$$e = \frac{\sqrt{(-0.05)^2 + (-0.035)^2}}{1} \simeq 0.061$$

가 된다. 이 값을 실제 달의 이심률인 0.0554와 비교해보자.

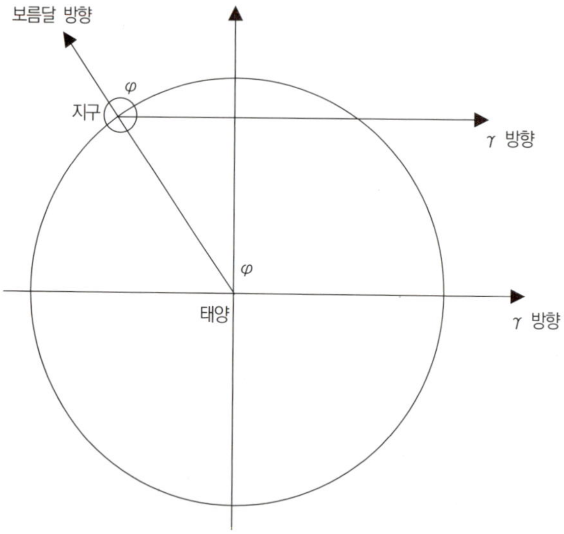

▌그림 5-1▌ 보름달, 지구, 태양간의 위치 관계

춘분점	2016-09-21					
날짜	longitude(degree)	비율(평균값/측정값)	지름(단위 : cm)	X좌표	Y좌표	
2016-01-24	-237.5359343	1.02	6.74	-0.547	0.860	
2016-02-21	-209.9383984	1.04	6.62	-0.899	0.518	
2016-03-24	-178.3983573	1.06	6.49	-1.058	-0.030	
2016-04-22	-149.8151951	1.06	6.46	-0.919	-0.534	
2016-05-22	-120.2464066	1.05	6.52	-0.531	-0.910	
2016-06-19	-92.64887064	1.05	6.57	-0.048	-1.044	
2016-07-19	-63.08008214	1.01	6.77	0.459	-0.904	
2016-08-17	-34.49691992	0.99	6.92	0.818	-0.562	
2016-09-17	-3.942505133	0.95	7.22	0.949	-0.065	
2016-10-15	23.6550308	0.94	7.30	0.862	0.377	
2016-11-15	54.20944559	0.92	7.45	0.539	0.748	
2016-12-13	81.80698152	0.94	7.34	0.133	0.926	
		지름의 평균값	6.87			
			X좌표	Y좌표		
	크기	타원의 중심	-0.05	-0.035		
	1					
	Degree	Radians	X좌표	Y좌표	e=	0.061033
	0	0	0.95	-0.035	실제 달의 이심률=	0.0554
	10	0.174532925	0.935	0.139		
	20	0.34906585	0.890	0.307		
	30	0.523598776	0.816	0.465		
	40	0.698131701	0.716	0.608		
	50	0.872664626	0.593	0.731		
	60	1.047197551	0.450	0.831		
	70	1.221730476	0.292	0.905		
	80	1.396263402	0.124	0.950		
	90	1.570796327	-0.050	0.965		
	100	1.745329252	-0.224	0.950		
	110	1.919862177	-0.392	0.905		

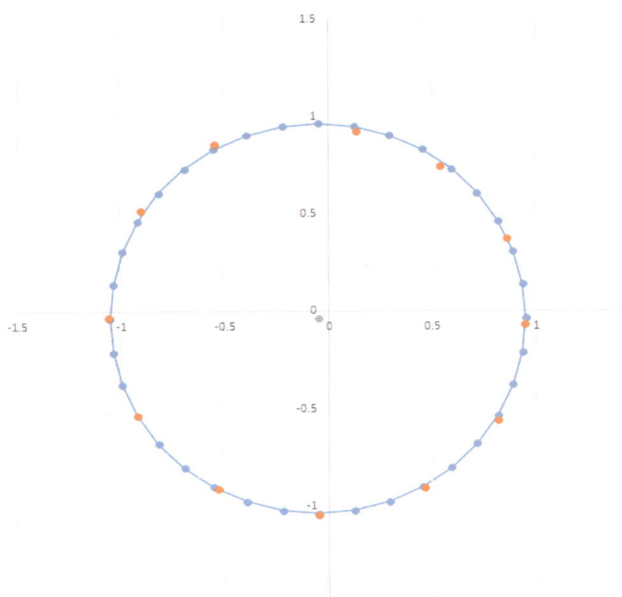

▌그림 5-2▐ 보름달 사진을 통해 계산한 달의 궤도

달의 위상을 이용하는 방법

보름달을 관측한 사진으로 달의 궤도를 그리기 위해서는 6개월 이상의 관측 자료가 필요하다. 하지만 달의 위상을 이용하면 1개월 만의 관측으로도 달의 궤도를 그릴 수 있다. 다만 거의 매일 관측해야 의미있는 자료를 얻을 수 있다. 이렇게 얻은 자료를 ▌그림 5-4▐에 제시하였다. 달까지의 거리는 달의 시직경으로 부터 구할 수 있다. 하지만 달의 태양 중심 경도는 쉽게 구할 수 없다. 위에서 제시한 태양 중심 경도는 춘분점 방향의 기선으로부터 반시계방향으로 잰 각도이다. 그러나 여기서 제시하는 태양 중심 경도는 지구-태양 방향 기선으로부터 반시계방향으로 잰 각도, 즉 달의 이각(elongation)을 사용하려 한다. 달의 위상은 바로 이 각도에 의해 결정된다.

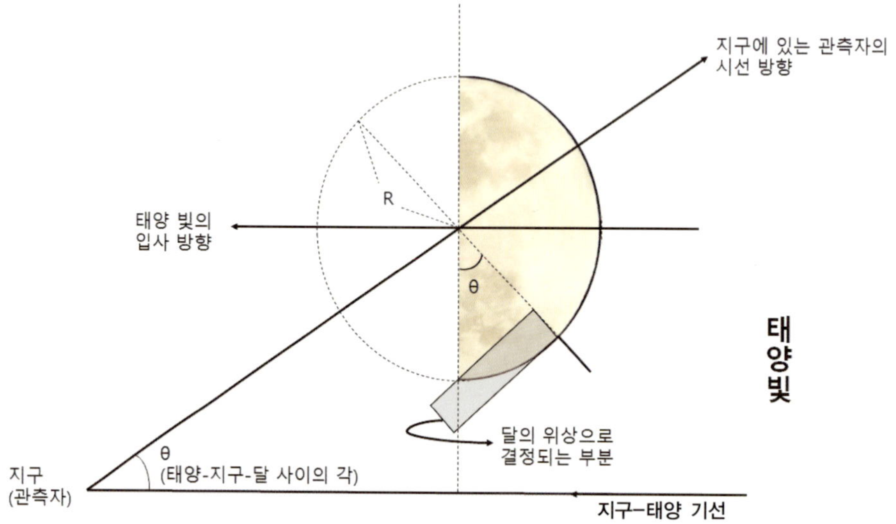

▌그림 5-3▐ 기하학적으로 나타낸 달의 위상 변화 모델

▌그림 5-3▐ 에서 이각은 θ이고, 달의 이미지 크기 반경을 R이라 할 때에 달이 보이는 부분은 전체에 대한 비는 $\frac{1-\cos\theta}{2}$된다. 일반적인 의미의 이각은 0~180° 사이로 태양보다 서쪽에 있으면 서방 이각, 동쪽에 있으면 동방 이각이라 부른다. 여기서의 이각은 반시계방향으로 0~360°이다. ▌그림 5-6▐ 을 이용하여 달의 궤도를 그려보면 ▌그림 5-4▐ 와 같다. 달 궤도의 중심이 ▌그림 5-2▐ 와 다른 이유는 달의 경도를 재는 기선이 ▌그림 5-2▐ 는 춘분선이고, ▌그림 5-4▐ 는 지구-태양 기선이기 때문이다. 여기서 구한 이심률은 0.0549로 실제 값과 거의 같다.

위의 두 방법으로 달 궤도의 형태는 구했지만 실제 달까지의 평균 거리는 첫 번째 질문에서 구했듯이 3.8×10^5 km에 해당한다. 더구나 달의 궤도는 지구 궤도보다는 더 타원 궤도이며, 달의 겉보기 크기 변화는 맨눈으로도 인식할 수 있을 정도다.

2016년 5월 15개 달 위상 변화

	달지름(사진cm)	비율	보이는 부분	보이는 부분/전체	cosθ	θ	x	y
2016-05-12	6.81	0.989	2.42	0.36	0.289	73.185	0.2860	0.9465
2016-05-13	6.82	0.987	3.22	0.47	0.056	86.806	0.0550	0.9850
2016-05-14	6.78	0.993	3.84	0.57	-0.133	97.628	-0.1318	0.9843
2016-05-16	6.60	1.020	4.94	0.75	-0.497	119.800	-0.5070	0.8853
2016-05-17	6.68	1.008	5.34	0.80	-0.599	126.784	-0.6036	0.8073
2016-05-18	6.60	1.020	5.82	0.88	-0.764	139.786	-0.7791	0.6587
2016-05-19	6.58	1.023	6.26	0.95	-0.903	154.520	-0.9238	0.4402
2016-05-20	6.60	1.020	6.42	0.97	-0.945	160.989	-0.9646	0.3323
2016-05-21	6.66	1.011	6.6	0.99	-0.982	169.107	-0.9928	0.1911
2016-05-22	6.52	1.033	6.46	0.99	-0.982	168.990	-1.0137	0.1972
2016-05-24	6.65	1.013	6.11	0.92	-0.838	213.113	-0.8481	-0.5531
2016-05-27	6.82	0.987	5.5	0.81	-0.613	232.200	-0.6051	-0.7801
2016-05-28	6.98	0.965	4.7	0.67	-0.347	249.714	-0.3345	-0.9048
2016-05-30	6.88	0.979	2.75	0.40	0.201	281.571	0.1963	-0.9588
2016-05-31	7.02	0.959	2.4	0.34	0.316	288.436	0.3033	-0.9099
대푯값 평균	6.733							

크기	좌표이동(X)	좌표이동(y)	e
0.985	-0.052	0.015	0.0549

각도	라디안	x	y
0	0	0.933	0.015
10	0.174532925	0.918035637	0.186043455
20	0.34906585	0.873597231	0.351889841
30	0.523598776	0.801035023	0.5075
40	0.698131701	0.702553776	0.648145796
50	0.872664626	0.581145796	0.769553776
60	1.047197551	0.4405	0.868035023
70	1.221730476	0.284889841	0.940597231
80	1.396263402	0.119043455	0.985035637
90	1.570796327	-0.052	1
100	1.745329252	-0.223043455	0.985035637
110	1.919862177	-0.388889841	0.940597231
120	2.094395102	-0.5445	0.868035023
130	2.268928028	-0.685145796	0.769553776

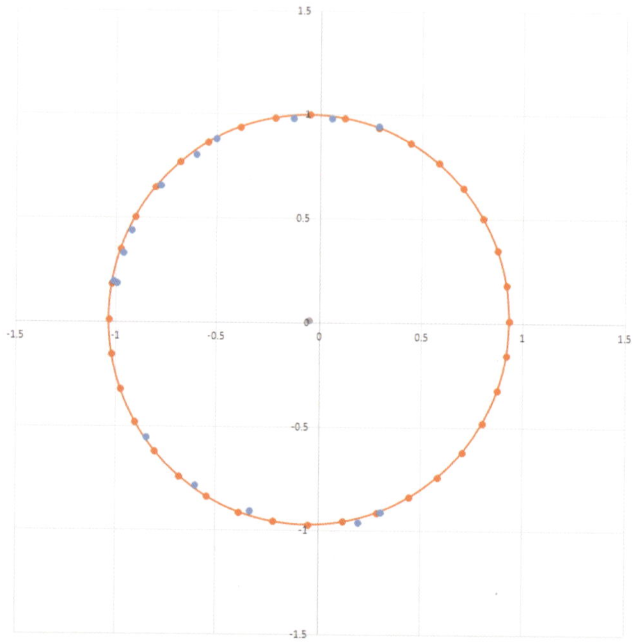

❙ 그림 5-4 ❙ 달의 위상 사진을 통해 계산한 달의 궤도

❙그림 5-5❙ 2016년에 관측한 보름달

1월 24일 20시 01분

2월 22일 20시 57분

3월 23일 20시 43분

4월 22일 22시 47분

5월 22일 0시 36분

6월 19일 21시 57분

7월 19일 20시 01분

8월 17일 20시 08분

9월 17일 23시 06분

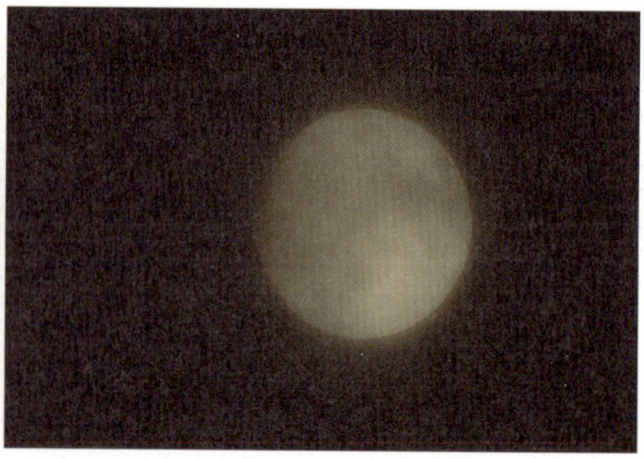
10월 15일 19시 52분

11월 15일 00시 50분

12월 13일 21시 12분

| 그림 5-6 | 2016년 5월 달의 위상관측

5월 13일 20시 34분

5월 14일 19시 56분

5월 16일 20시 20분

5월 17일 20시 10분

5월 18일 20시 27분

5월 20일 01시 19분

5월 20일 20시 02분

5월 21일 23시 14분

5월 22일 21시 35분

5월 24일 23시 24분

5월 27일 01시 34분

5월 28일 03시 12분

5월 30일 05시 00분

5월 31일 03시 13분

여섯 번째

1년 뒤 행성의 위치를 예측할 수 있는가?

이번 질문은 오늘의 행성 위치를 알고 있을 때, '1년 뒤 행성의 위치를 예측할 수 있는가?'이다. 이 문제를 해결하기 위해 행성들의 공전궤도는 실제 타원 궤도이지만 원에 아주 가까운 타원이므로 원 궤도로 단순화하여 나타내겠다.

자료의 활용

행성의 초기 위치 자료

1년 뒤 행성의 위치를 예측하기 위해서는 기준이 되는 날짜의 행성의 위치, 즉 행성의 초기위치 값 θ_0을 정해주어야 한다. 인터넷에 "Planetary Heliocentric Longitude"를 검색한다. 이는 '태양 중심 좌표계에서 각 행성의 경도'를 의미한다.

이는, 평면좌표에서 원점에 태양이 위치할 때, x축 양의 방향을 춘분점 방향으로 하여 'x축 양의 방향(춘분점)-원점(태양)-행성'이 이루는 각을 의미한다.

지금부터는 2017년 7월 1일의 각 행성의 위치를 초기위치(θ_0)로 하겠다.

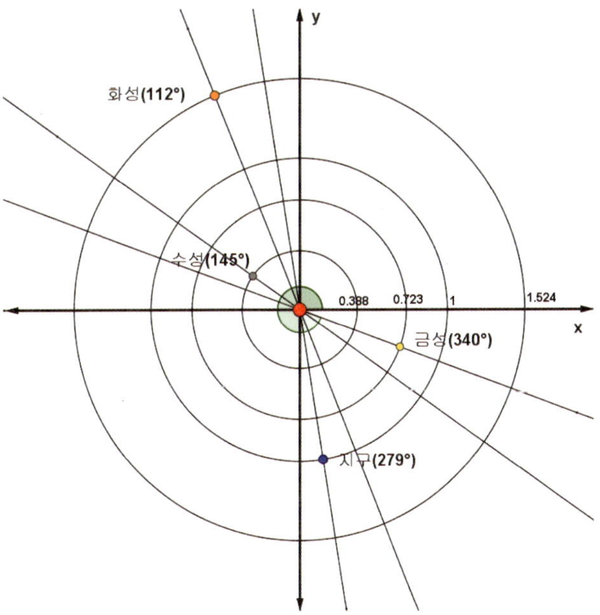

행성	θ_0
수성	145°
금성	340°
지구	279°
화성	112°

그림 6-1 2017년 7월 1일의 행성의 위치(초기위치)

달의 초기 위치 자료

달의 초기위치는 앞서 구한 행성의 초기 위치를 구할 때와 마찬가지로 태양 중심 경도이다. 여기서는 http://jgiesen.de/moonmotion/index.html 사이트의 자료를 활용하고자 한다.

메인 화면에서 다음 사진의 빨간 원으로 표시된 부분이 "Diagram"으로 되어 있는데 이것을 "Orbit"으로 바꾸어준다.

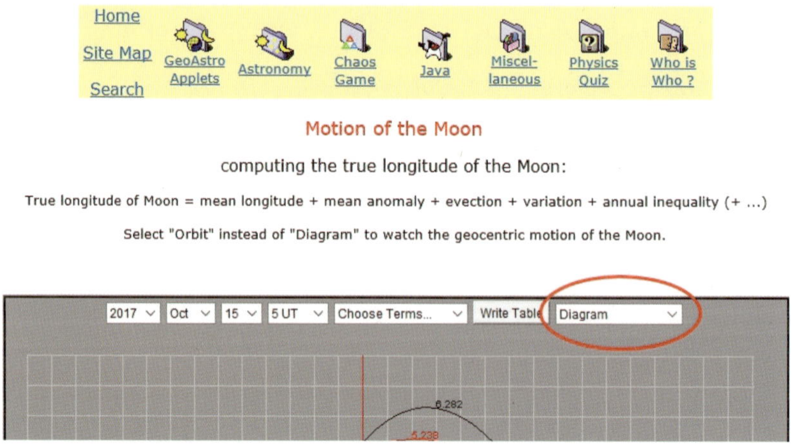

| 그림 6-2 | http://jgiesen.de/moonmotion/의 메인화면

┃그림 6-3┃과 같이 행성의 초기위치 구할 때와 동일한 날짜로 조회하여 왼쪽에 뜨는 "L=198.252"을 달의 초기위치 값(θ_0)으로 하겠다.

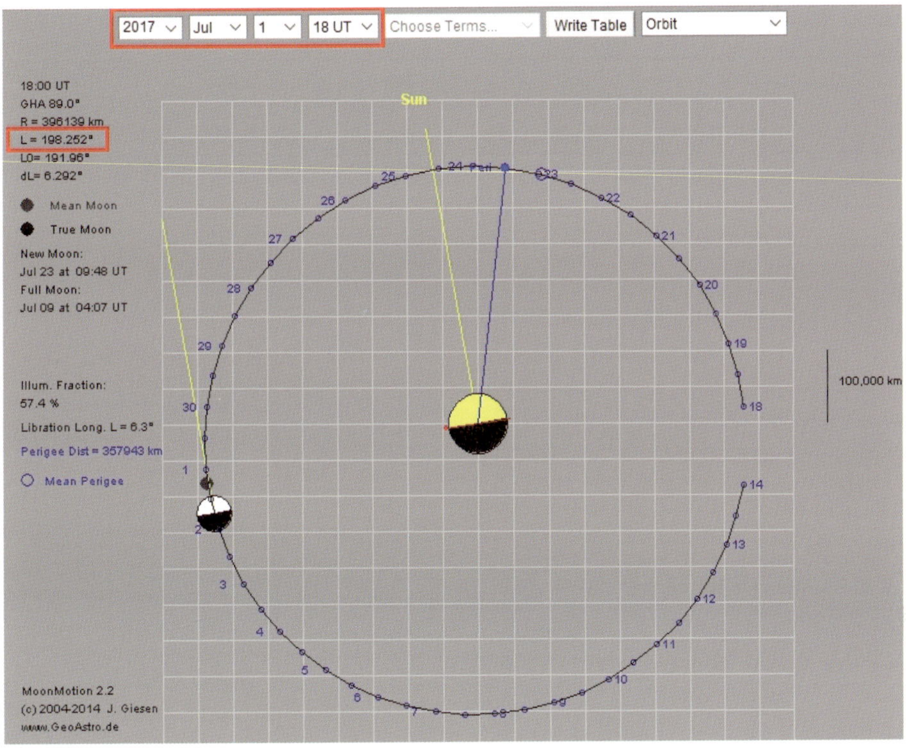

┃그림 6-3┃ 달의 초기 위치 구하기

스프레드시트에 이용할 수식

행성의 위치 나타내기

태양에서 행성까지의 거리를 r이라고 할 때, 행성의 위치는 $(rcos\theta, rsin\theta)$로 나타낼 수 있다.

스프레드시트에서 r은 태양과 지구사이의 거리 $1AU$를 1로 나타내기로 한다.

수성, 금성, 화성으로부터 태양까지의 거리는 **〈표 6-1〉**과 같으므로 r값은 각각 0.388, 0.723, 1.524로 나타낸다.

〈표 6-1〉 행성에서 태양까지의 거리

	수성	금성	지구	화성
태양까지의 거리(AU)	0.388	0.723	1.000	1.524

$(rcos\theta, rsin\theta)$에서 'θ' 각도는 각속도와 시간의 곱$(\theta = \omega \times t)$이다. 즉, ω는 행성의 공전 각속도를 의미하므로, $\omega = \frac{2\pi}{p}$이다.

이때, 케플러 제3법칙 '조화의 법칙'을 활용하여 공전주기(p)를 r에 대하여 나타내고자 한다.

'조화의 법칙'이란' 행성의 공전 주기(p)의 제곱은 '태양에서 행성까지의 거리'(r)의 세제곱에 비례한다'는 법칙이다. 즉 수식으로 나타내면 $\frac{r^3}{p^2} = k$(일정)이다. 이 식에서 장반경 r의 거리 단위가 AU, 주기 p의 단위가 년일 때, $k=1$이 되어 다음과 같은 식이 성립한다.

$$\frac{r^3}{p^2} = 1, \ p^2 = r^3 \quad \therefore p = r^{3/2}$$

위에서 구한 p와 r의 관계, 즉 $p = r^{3/2}$을 넣어 다시 정리하면 $\omega = \frac{2\pi}{p} = \frac{2\pi}{r^{3/2}}$이다. 이 때, p(주기)의 단위가 년이므로 이를 일(日로) 바꿔주면 다음과 같은 식을 구할 수 있다.

$$\omega = \frac{2\pi}{r^{3/2}} /\text{년} = \frac{2\pi}{r^{3/2} \times 365.25} /\text{일}$$

이제 위에서 구한 식을 반영하여 $(rcos\theta, rsin\theta)$를 나타내보자.

$$(r\cos(\omega \times t), r\sin(\omega \times t)) = \left(r\cos\left(\frac{2\pi}{r^{3/2} \times 365.25} \times t\right), r\sin\left(\frac{2\pi}{r^{3/2} \times 365.25} \times t\right)\right)$$

이때, t는 스프레드시트의 '스크롤바'기능을 이용하여 변화하는 값을 참조한다.

또한, 1년 뒤 행성의 위치를 알려면 오늘의 행성 위치를 알아야 한다. 따라서 위 식에 오늘의 행성 위치 즉, 초기위치 θ_0값을 반영해주어야 한다. 따라서

$(rcos(\theta + \theta_0), rsin(\theta + \theta_0))$이 되며, 최종적으로 스프레드 시트에서 사용할 수식은 다음과 같다.

$$\left(r\cos\left(\frac{2\pi}{r^{3/2} \times 365.25} \times t + \theta_0\right), r\ \sin\left(\frac{2\pi}{r^{3/2} \times 365.25} \times t + \theta_0\right)\right)$$

달의 위치 나타내기

달은 지구를 중심으로 공전하므로 달의 위치는 지구의 위치를 기반으로 나타낸다. 즉, $(x_{달}, y_{달}) = (x_{지구} + rcos\theta,\ y_{지구} + rsin\theta)$이다.

이때, 달과 지구사이 거리 r은 $0.0025AU$이며, 스프레드시트에 지구와 태양 사이의 거리 $1AU$를 '1'로 나타내므로, 달과 지구 사이 거리를 0.0025로 나타낼 수 있다.

그러나 0.0025로 나타내면 그래프상에서 달과 지구의 위치가 거의 구별되지 않으므로 실제 달과 지구 사이 거리보다 큰 값으로 정한다. 여기에서는 예시로 r의 값을 0.1로 정하겠다.

행성의 위치를 나타낼 때와 마찬가지로 $\theta=\omega\times t$이며, 달의 공전 각속도 $\omega=\frac{2\pi}{p}$에서 달의 공전주기 p는 항성월(약 27.3일)로 한다. 또한 달의 초기위치값 θ_0을 반영해야하므로, 스프레드시트에서 달의 위치를 구하기 위한 최종수식은 다음과 같다.

$$(x_{달}, y_{달})=(x_{지구}+0.1\times\cos\left(\frac{2\pi}{27.3}\times t+\theta_0\right), y_{지구}+0.1\times\sin\left(\frac{2\pi}{27.3}\times t+\theta_0\right))$$

스프레드시트 이용하여 1년 뒤 행성위치 예측하기

행성 공전 궤도 그리기

행성의 공전궤도는 타원 궤도이지만 원에 아주 가까운 타원이므로 원으로 나타낸다.

수성, 금성, 지구, 화성으로부터 태양까지의 거리는 각각 0.388AU, 0.723AU, 1.000AU, 1.524AU이므로, 수성, 금성, 지구, 화성의 공전궤도는 태양을 중심으로 하는 반지름이 각각 0.388, 0.723, 1.000, 1.524인 원을 그릴 것이다.

$(x, y)=(rcos\theta, rsin\theta)$에서 행성들의 반지름 값($r$)을 1행에 입력해준다.

	A	B	C	D	E	F	G	H	I	J
1			r(수성)=	0.388	r(금성)=	0.723	r(지구)=	1	r(화성)=	1.524

$(x, y) = (r cos\theta, r sin\theta)$에서 θ는 라디안 값이므로

A열에 각도를 0°~360°까지 10°간격으로 입력하고, B열에서 RADIANS 함수를 사용하여 A열의 일반각을 라디안 값으로 변환해준다.

	A	B
2	각도	라디안
3	0	=RADIANS(A3)
4	10	0.174533
5	20	0.349066

이제, 수성, 금성, 지구, 화성의 x값, y값을 각각 $r cos\theta$, $r sin\theta$으로 구한다. 이때, r값은 1행의 값을 참조하며, θ값은 B열의 값을 참조한다.

	A	B	C	D	E	F	G	H	I	J
1			r(수성)=	0.388	r(금성)=	0.723	r(지구)=	1	r(화성)=	1.524
2	각도	라디안	x(수성)	y(수성)	x(금성)	y(금성)	x(지구)	y(지구)	x(화성)	y(화성)
3	0	0	0.388	0	0.723	0	1	0	1.524	0
4	10	0.174533	0.382105	0.067375	0.712016	0.125548	0.984808	0.173648	1.500847	0.26464
5	20	0.349066	0.364601	0.132704	0.679398	0.247281	0.939693	0.34202	1.432092	0.521239
6	30	0.523599	0.336018	0.194	0.626136	0.3615	0.866025	0.5	1.319823	0.762
7	40	0.698132	0.297225	0.249402	0.55385	0.464735	0.766044	0.642788	1.167452	0.979608
8	50	0.872665	0.249402	0.297225	0.464735	0.55385	0.642788	0.766044	0.979608	1.167452
9	60	1.047198	0.194	0.336018	0.3615	0.626136	0.5	0.866025	0.762	1.319823
10	70	1.22173	0.132704	0.364601	0.247281	0.679398	0.34202	0.939693	0.521239	1.432092
11	80	1.396263	0.067375	0.382105	0.125548	0.712016	0.173648	0.984808	0.26464	1.500847
12	90	1.570796	2.38E-17	0.388	4.43E-17	0.723	6.13E-17	1	9.34E-17	1.524
13	100	1.745329	-0.06738	0.382105	-0.12555	0.712016	-0.17365	0.984808	-0.26464	1.500847
14	110	1.919862	-0.1327	0.364601	-0.24728	0.679398	-0.34202	0.939693	-0.52124	1.432092
15	120	2.094395	-0.194	0.336018	-0.3615	0.626136	-0.5	0.866025	-0.762	1.319823
16	130	2.268928	-0.2494	0.297225	-0.46474	0.55385	-0.64279	0.766044	-0.97961	1.167452
17	140	2.443461	-0.29723	0.249402	-0.55385	0.464735	-0.76604	0.642788	-1.16745	0.979608
18	150	2.617994	-0.33602	0.194	-0.62614	0.3615	-0.86603	0.5	-1.31982	0.762
19	160	2.792527	-0.3646	0.132704	-0.6794	0.247281	-0.93969	0.34202	-1.43209	0.521239

먼저 지구의 공전궤도부터 나타내기 위해 G, H열의 x(지구), y(지구) 데이터를 블록 잡고 [삽입]-[분산형]그래프를 선택한다.

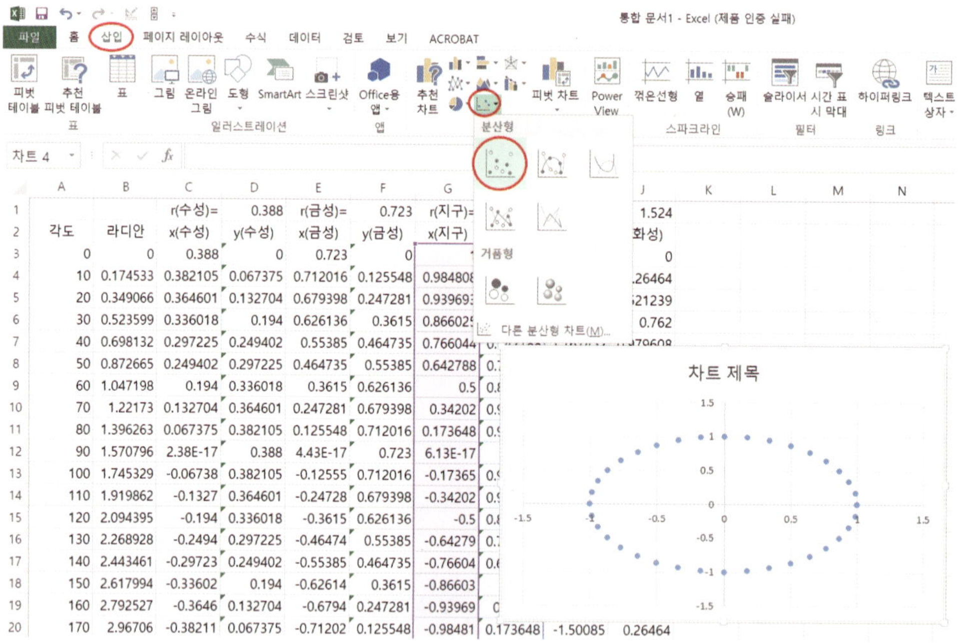

생성된 그래프를 클릭한 후 [마우스 오른쪽 버튼]-[데이터 계열 서식]을 클릭한다.

[데이터 계열 서식]의 [표식]에서 "표식 옵션"은 "없음", [선]에서는 "실선"을 택하여 실선의 '색'과 '두께' 등을 적절히 조절한다.

완성된 지구 공전 궤도 그래프는 다음과 같다.

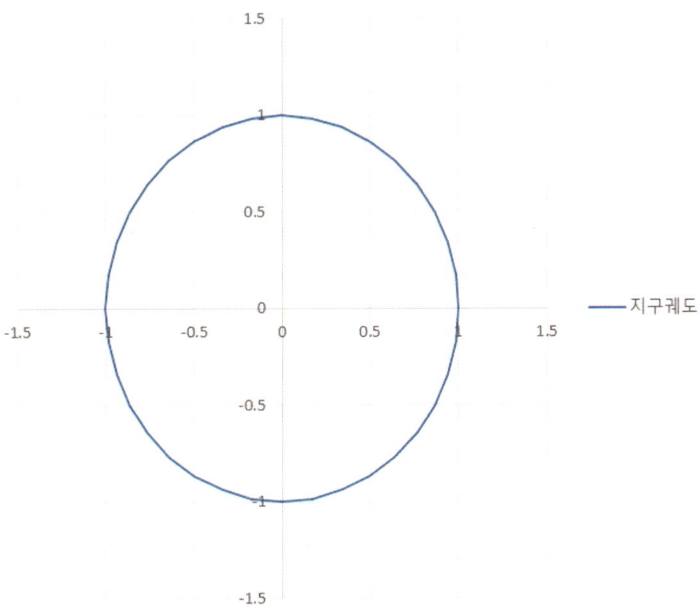

이제 이 지구 공전궤도 그래프에 수성, 금성, 화성의 공전궤도 그래프를 추가하기 위하여 그래프 위에서 마우스 오른쪽 버튼 [데이터 선택]을 누른다.

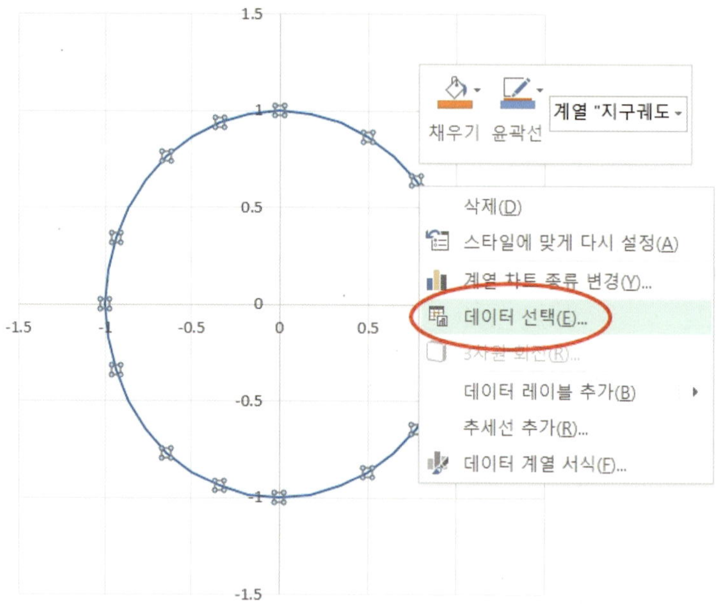

"추가"버튼을 누른 다음

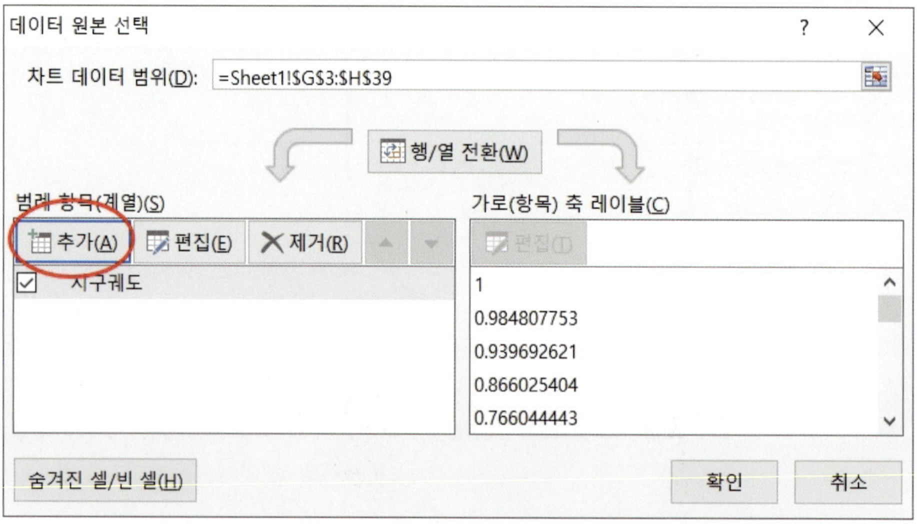

"계열이름"을 '수성궤도'라 하고, "계열 X값"과 "계열 Y값"은 빨간 동그라미 버튼을 누르고, 각각 C열 및 D열의 x(수성), y(수성) 데이터를 블록잡는다.

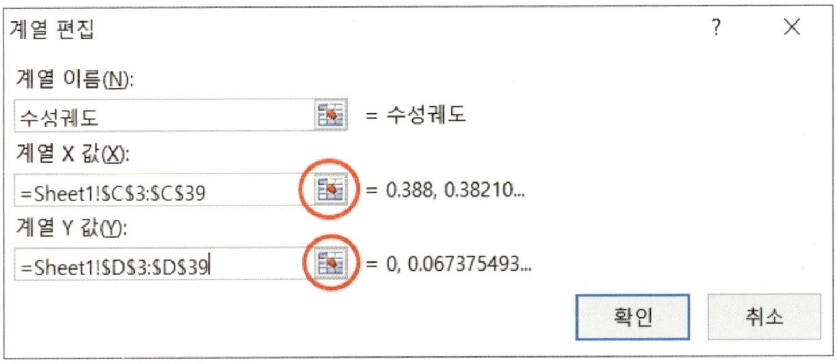

다음은 수성궤도 그래프를 [데이터 계열 서식]에서 "표식 없음"과 "실선"의 색, 두께 등을 적절히 조절한 것이다.

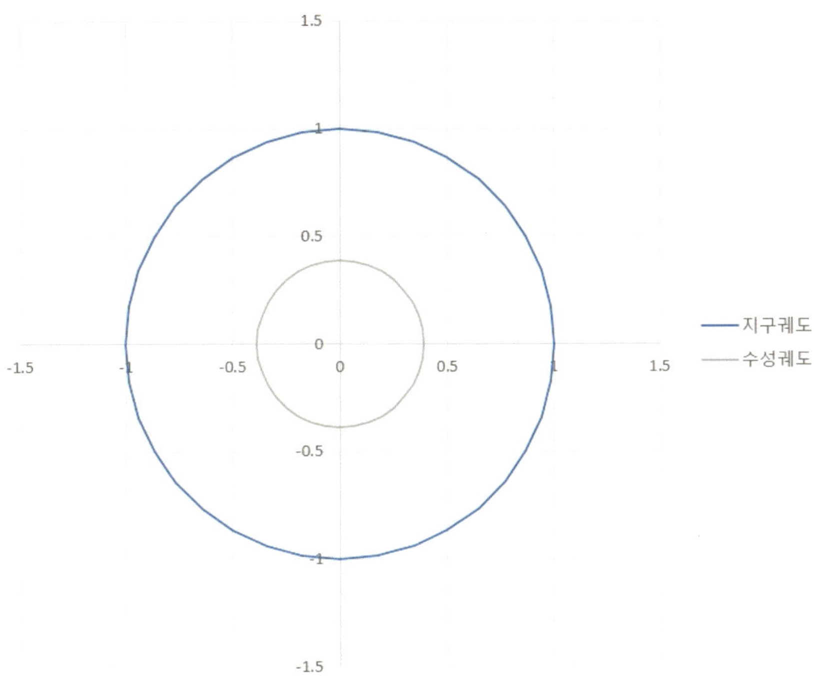

"수성 궤도"를 추가한 방법과 같은 방법으로 "금성 궤도"와 "화성 궤도를 추가한다. 그 결과는 다음과 같다.

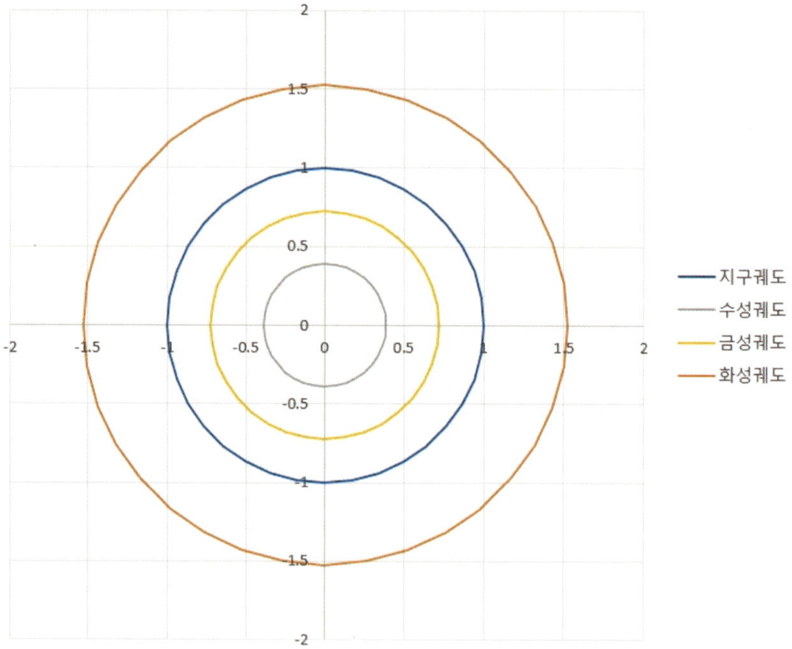

행성의 위치 나타내기

스프레드시트에 이용할 수식에서 행성과 달의 위치를 나타내는 수식은 다음과 같았다.

$$(x_{행성}, y_{행성}) = \left(r\cos\left(\frac{2\pi}{r^{\frac{3}{2}} \times 365.25} \times t + \theta_0\right),\ r\sin\left(\frac{2\pi}{r^{\frac{3}{2}} \times 365.25} \times t + \theta_0\right)\right)$$

$$(x_{달}, y_{달}) = \left(x_{지구} + 0.1 \times \cos\left(\frac{2\pi}{27.3} \times t + \theta_0\right),\ y_{지구} + 0.1 \times \sin\left(\frac{2\pi}{27.3} \times t + \theta_0\right)\right)$$

먼저 이 수식에서 참조할 t값을 구해보자.

우리가 행성의 위치를 예측하고자 하는 '예측날짜'는 '초기위치(θ_0)의 날짜'와 이 기준 날짜로부터 '흐른 시간(t)'을 합하여 구한다. 이때, 초기위치 날짜로부터 흐른 시간(t)을 나타내기 위해 "스크롤바"를 이용한다.

"스크롤바"는 [빠른 실행 도구 모음 사용자 지정]-[기타 명령]-[모든 명령]-"디자인 모드", "스크롤 막대(ActiveX 컨트롤)"를 추가한다. 빠른 실행 도구 모음에 "디자인 모드"와 "스크롤 막대"의 아이콘이 생성된 것을 확인할 수 있다.

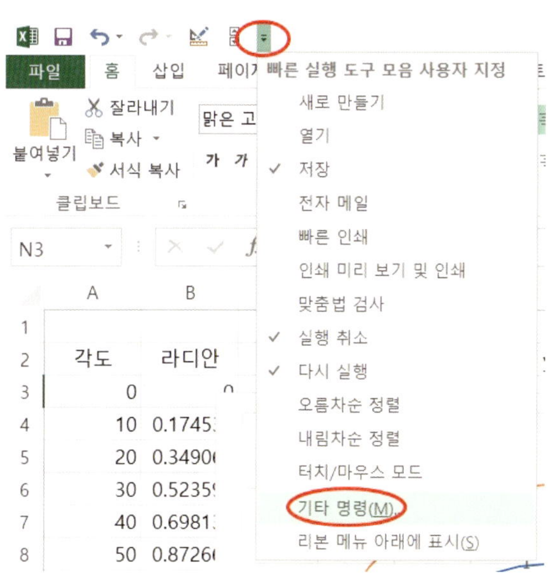

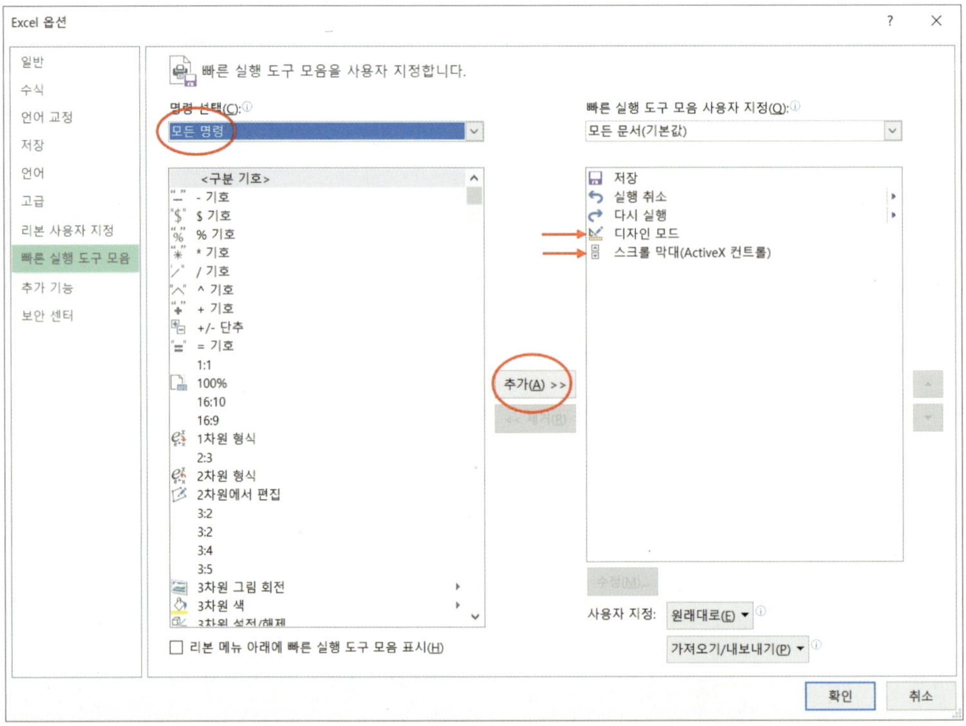

셀 M1에 초기위치 날짜인 "2017-07-01"을 입력하고, 셀 O1에 초기위치 날짜로부터 흐른 시간 "*t*"를 입력할 것이다. 예측 날짜는 M2에 구할 것이며 "M2=M1+O1"으로 구한다.

[빠른 실행 도구 모음]에서 "디자인모드" 버튼 " "을 누르고, "스크롤 막대" 버튼 " "을 누른 후 셀 O2에 스크롤 막대를 생성한다.

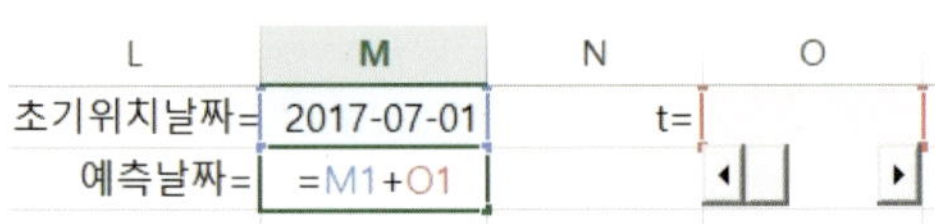

스크롤바를 선택한 후 "마우스 오른쪽 버튼"-[속성]을 선택한다. [속성]에서 [LinkedCell] 값으로 "O1"을 입력한다. 그리고 [속성] 창을 닫고 "디자인모드 "를 눌러 "스크롤바" 편집을 종료한다.

"스크롤바"를 눌러보며 "예측날짜" 값이 "M2=M1+O1"인지 확인한다.

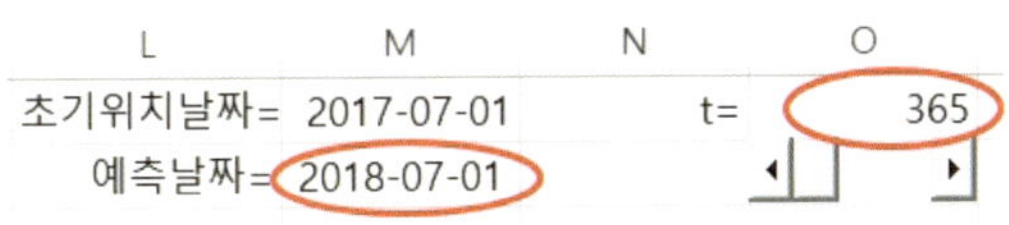

이제, 앞에서 구한 행성 및 달의 초기위치(θ_0)를 M열의 M5~M9에 나타내겠다. 이때, RADIANS 함수를 써서 라디안 값으로 나타낸다.

	θ_0
수성	145°
금성	340°
지구	279°
화성	112°
달	198°

⇒

	θ_0
수성	=RADIANS(145)
금성	=RADIANS(340)
지구	=RADIANS(279)
화성	=RADIANS(112)
달	=RADIANS(198)

⇒

L	M
	초기위치(θ)
수성	2.53072742
금성	5.93411946
지구	4.86946861
화성	1.95476876
달	3.46015015

드디어, 1년 뒤 행성의 위치를 나타낼 차례이다. N열 및 O열에 앞에서 구한 수식을 활용하여 x(예측위치), y(예측위치)를 각각 구한다.

이때, 태양에서 각 행성까지의 거리(r)는 1행의 데이터를, t는 "O1"의 값을, θ_0는 "M5~M9"의 값을 참조한다.

$$(x_{행성}, y_{행성}) = \left(rcos\left(\frac{2\pi}{r^{\frac{3}{2}} \times 365.25} \times t + \theta_0\right),\ rsin\left(\frac{2\pi}{r^{\frac{3}{2}} \times 365.25} \times t + \theta_0\right)\right)$$

$$(x_{달}, y_{달}) = \left(x_{지구} + 0.1 \times \cos\left(\frac{2\pi}{27.3} \times t + \theta_0\right),\ y_{지구} + 0.1 \times \sin\left(\frac{2\pi}{27.3} \times t + \theta_0\right)\right)$$

다음은 "t=0" 즉, 초기위치(θ_0)인 2017년 7월 1일의 행성 및 달의 위치이다.

L	M	N	O
초기위치날짜=	2017-07-01	t=	0
예측날짜=	2017-07-01		
	초기위치(θ)	x(예측위치)	y(예측위치)
수성	2.53072742	-0.317831	0.2225477
금성	5.93411946	0.6793978	-0.2472806
지구	4.86946861	0.1564345	-0.9876883
화성	1.95476876	-0.5709004	1.4130282
달	3.46015015	0.0614656	-1.019008

방금 구한 행성 및 달의 x(예측위치), y(예측위치)를 앞에서 구한 행성궤도 그래프에 추가하고 [데이터 계열 서식]에서 "표식"의 '크기' 및 '색' 등을 적절히 편집한다. 이를 구해 보면 ▌그림 6-4▐ 와 같은데,

http://ssd.jpl.nasa.gov (행성의 위치)

http://jgiesen.de/moonmotion/index.html (달의 위치)

로부터 얻은 ▌그림 6-5▐ 및 ▌그림 6-6▐ 과 비교해 보면 매우 비슷하다는 사실을 알 수 있다.

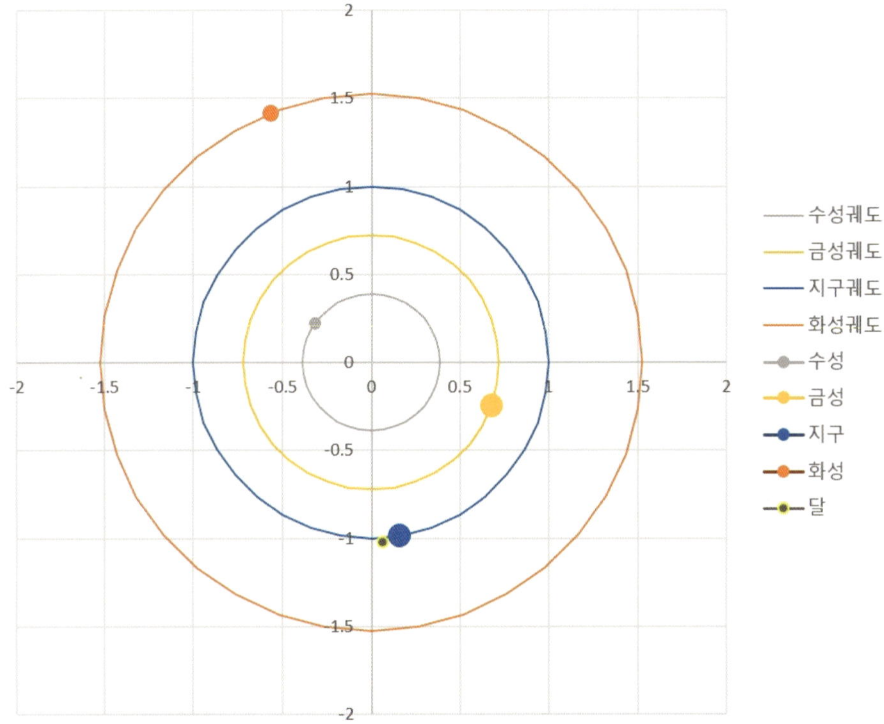

| 그림 6-4 | 2017년 7월 1일 행성 및 달의 위치(스프레드시트)

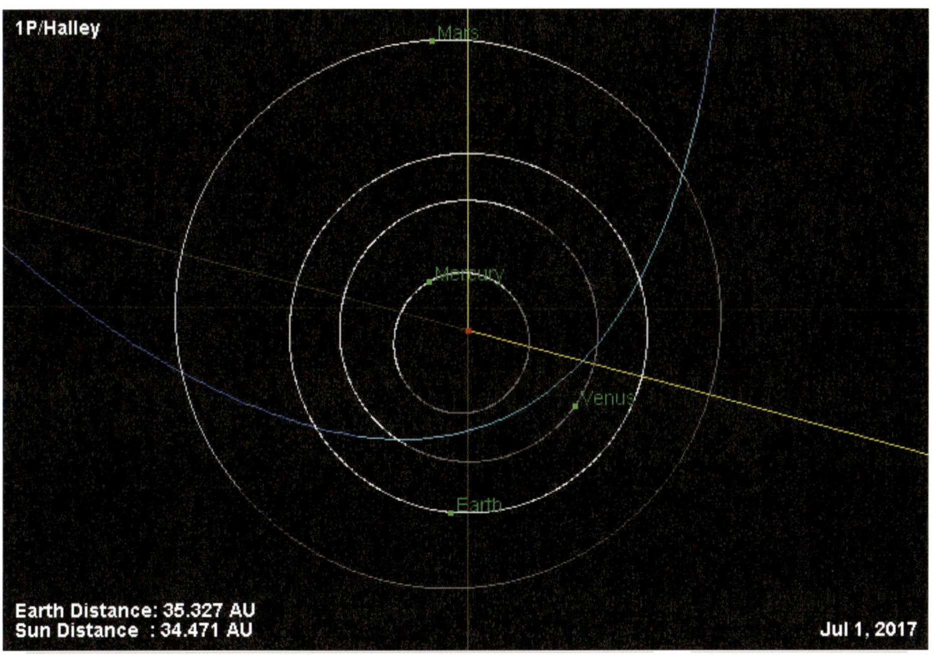

| 그림 6-5 | 2017년 7월 1일 행성의 위치(http://ssd.jpl.nasa.gov)

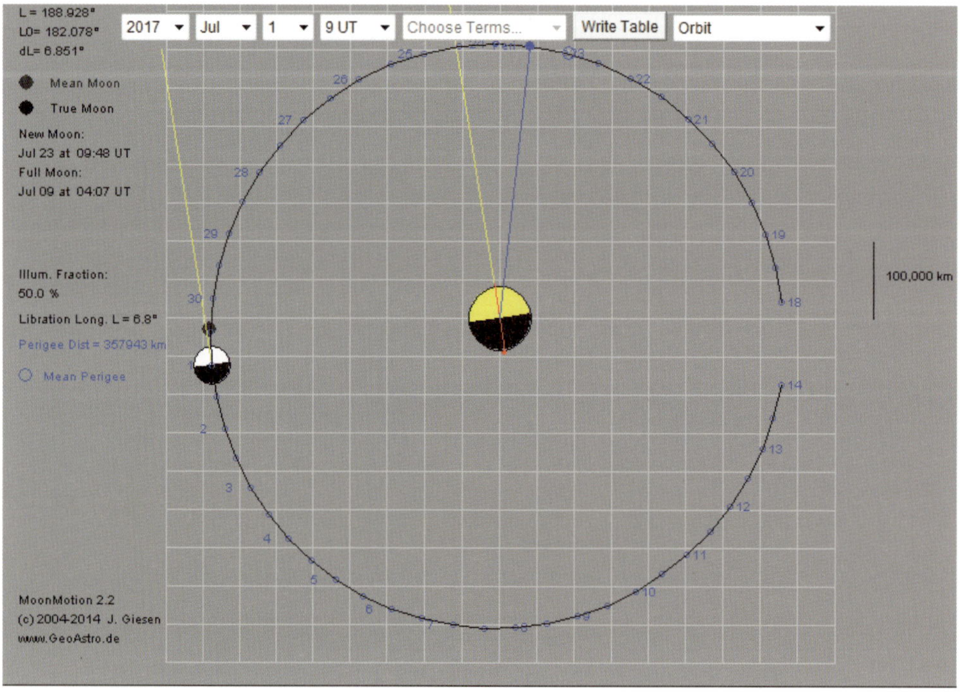

❙그림 6-6❙ 2017년 7월 1일 달의 위치(http://jgiesen.de/moonmotion/)

이제, 1년 뒤인 행성의 위치 즉, "t=365"일 때 2018년 7월 1일의 행성 및 달의 위치를 구해보자.

L	M	N	O	P	Q	R
초기위치날짜=	2017-07-01	t=	365			
예측날짜=	2018-07-01					
	초기위치(θ)	x(예측위치)	y(예측위치)			
수성	2.53072742	-0.377232	-0.0907734			
금성	5.93411946	-0.654238	-0.3077365			
지구	4.86946861	0.1521854	-0.988352			
화성	1.95476876	0.8348763	-1.2749735			
달	3.46015015	0.2400161	-1.0361617			

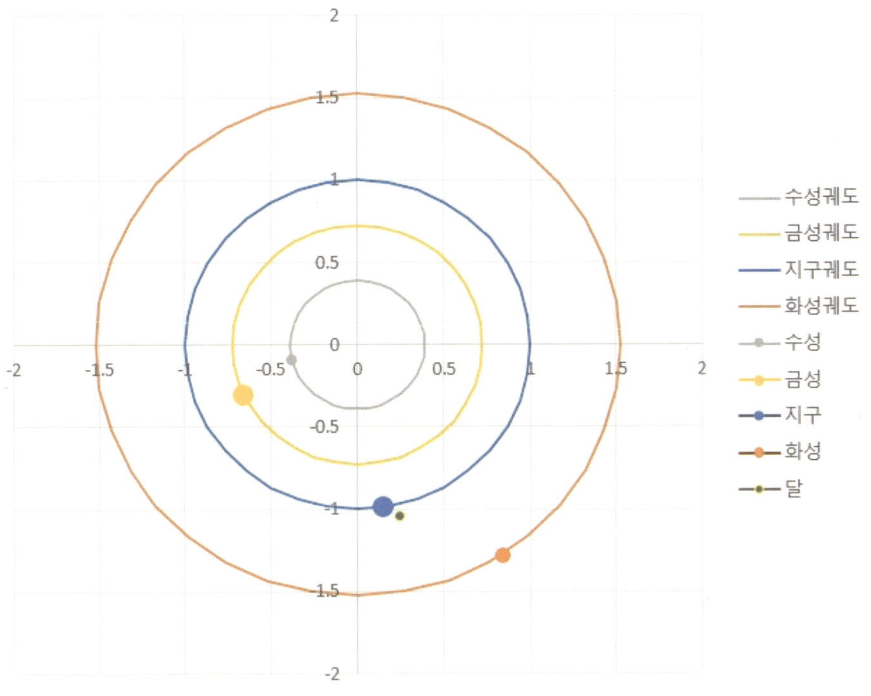

| 그림 6-7 | 2018년 7월 1일 행성 및 달의 위치(스프레드시트)

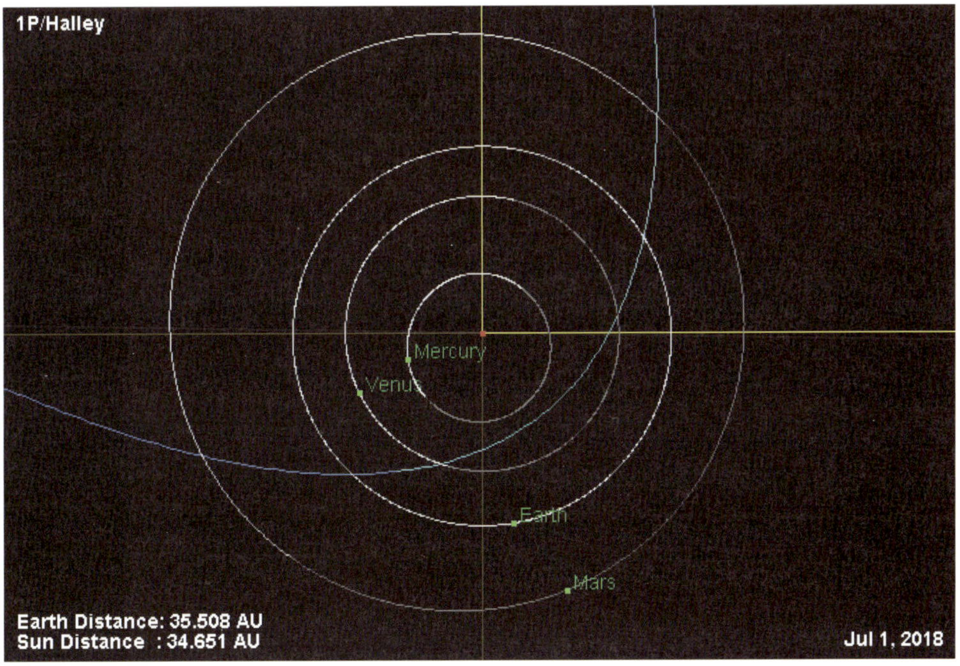

| 그림 6-8 | 2018년 7월 1일 행성의 위치(http://ssd.jpl.nasa.gov)

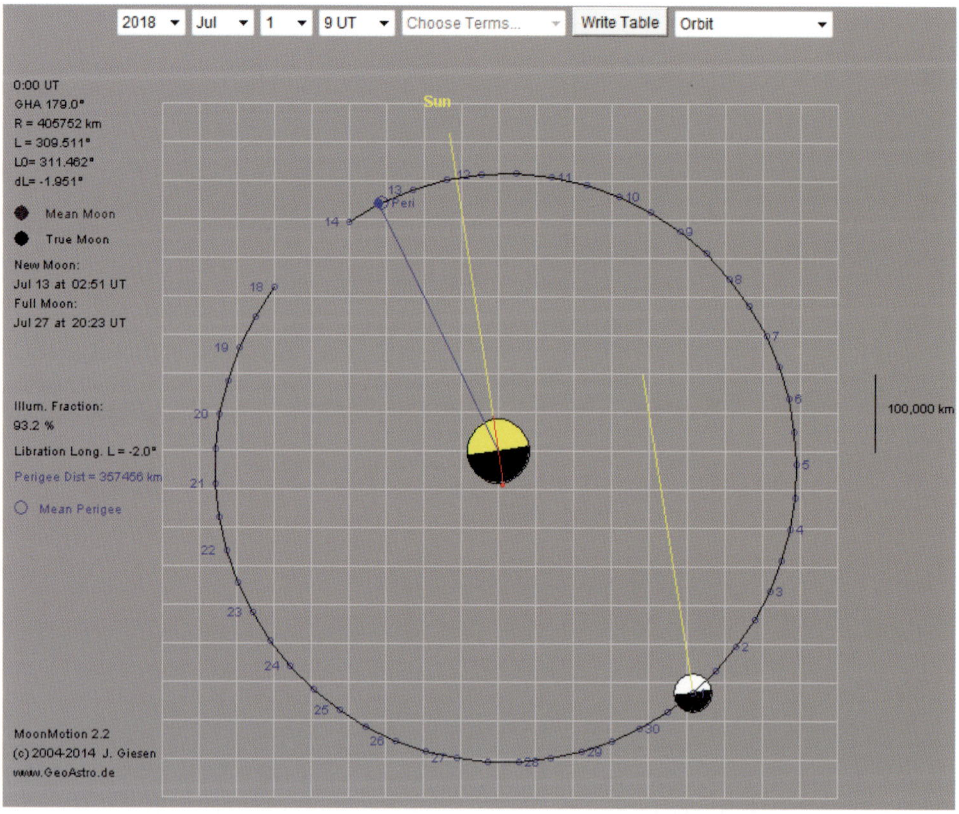

▌그림 6-9▐ 2018년 7월 1일 달의 위치(http://jgiesen.de/moonmotion/)

오늘의 행성위치(태양 중심 좌표계에서 행성의 경도) 자료를 바탕으로 1년 뒤 행성의 위치를 예측하는 활동을 해보았다. 스프레드시트 프로그램을 활용하여 지구과학 교과의 내용을 수학적으로 모델링하고, 생성한 모델을 바탕으로 예측하기 활동까지 해봄으로써 진정한 융합교육의 의미를 찾을 수 있다.

일곱 번째

갈릴레이가 관측했던 목성의 4개의 위성도 그 위치를 예측할 수 있을까?

여섯 번째 질문에 대한 답을 하기 위해서 우리는 우리가 관측할 수 있는 행성과 달의 궤도를 원 궤도로 가정하였다. 그 이유는 행성과 달의 모든 궤도가 거의 원 궤도에 가깝기 때문이다. 더 정확하게 이야기하면 행성과 달의 타원 궤도 중심이 그 궤도의 한 초점에 위치한 모천체인 태양 혹은 지구의 위치와 거의 같기 때문이다.

태양의 흑점 위치의 변화

▌그림 7-1▐ 은 2011년 10월 10, 11, 12, 15일, SOHO 위성에서 촬영한 태양표면 사진이다. 태양 표면에 나타난 흑점의 위치변화를 설명하기 위해서는 우리는 태양이 자전하고 있다는 자전 모델을 이용하여야 한다. 태양의 모습은 거의 구형이기에 태양의 흑점은 태양의 적도면에 평행하게 원운동을 한다. 그러나 관측자가 보기에는 ▌그림 7-2▐ 의 y축에 표시한 점과 같이 적도에 평행하게 직선 운동을 하는 것처럼 보인다. 물론 태양의 흑점은 태양 뒷면으로 가게 되면 관측자에게 보이지 않는다. 따라서 주기의 반에 해당하는 시간이 지나야 다시 왼쪽에서 서서히 보이기 시작한다. ▌그림 7-1▐ 에서 10월 10일 UTC 0시에 해당하는 태양의 흑점 자료가 주어지기에 각 흑점마다 φ_o의 값은 달라진다. 그런데 ▌그림 7-2▐ 에서는 관측자가 x의 음의 방향으로 태양을 관측하기에 흑점이 y축을 따라 움직였지만 ▌그림 7-1▐ 은 흑점이 x축을 따라 왼쪽에서 오른쪽으로 움직인다. 즉

$$x = r\sin\left(\frac{2\pi}{P}t + \varphi_o\right)$$

로 fitting 하면 거의 정확하게 그 흑점에 의한 태양의 자전 주기를 구할 수 있으며, 미래의 흑점의 위치도 예측 가능하다.

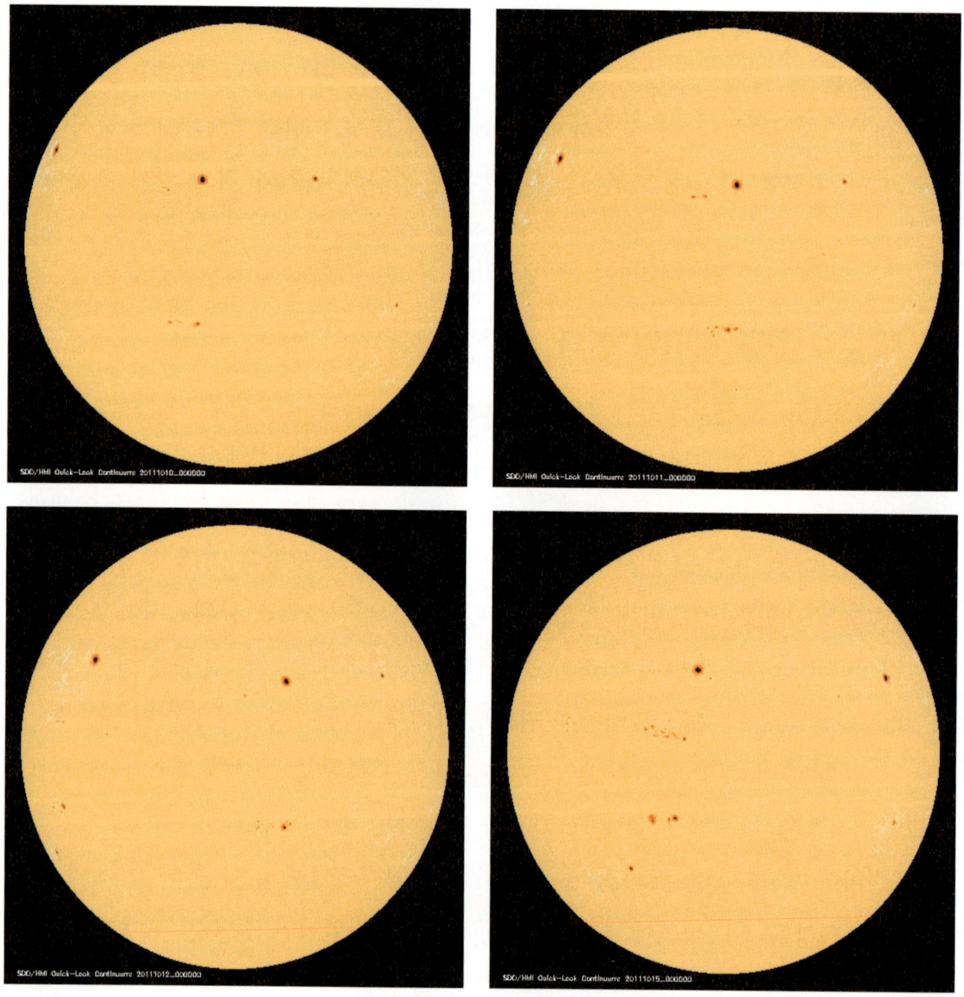

| 그림 7-1 | 태양 흑점 위치 변화

φ_0=	0.3
P=	4
r=	2

t	y=r*sin(2πt/P+φ0)
0	0.591040413
0.1	0.88265883
0.2	1.152543257
0.3	1.394048245
0.4	1.601227137
0.5	1.768978504
0.6	1.893171749
0.7	1.970748822
0.8	1.999799519
0.9	1.979608514
1	1.910672978
1.1	1.794690332
1.2	1.634516454
1.3	1.434095357
1.4	1.198362072
1.5	0.933121135
1.6	0.64490366
1.7	0.340806516
1.8	0.028317584
1.9	-0.28486862
2	-0.591040413
2.1	-0.88265883
2.2	-1.152543257
2.3	-1.394048245
2.4	-1.601227137
2.5	-1.768978504
2.6	-1.893171749

	0.5		
-3	0	-3	0
-2.06688	1.768979	-1.08933	0.59104
0	1.768979	0	0.59104
0.5	1.768979		

	x	y
0	-1	0
10	-1.03038	0.347296
20	-1.12061	0.68404
30	-1.26795	1
40	-1.46791	1.285575
50	-1.71442	1.532089
60	-2	1.732051
70	-2.31596	1.879385
80	-2.6527	1.969616
90	-3	2
100	-3.3473	1.969616
110	-3.68404	1.879385
120	-4	1.732051
130	-4.28558	1.532089
140	-4.53209	1.285575
150	-4.73205	1
160	-4.87939	0.68404
170	-4.96962	0.347296
180	-5	2.45E-16
190	-4.96962	-0.3473
200	-4.87939	-0.68404
210	-4.73205	-1
220	-4.53209	-1.28558
230	-4.28558	-1.53209
240	-4	-1.73205
250	-3.68404	-1.87939
260	-3.3473	-1.96962

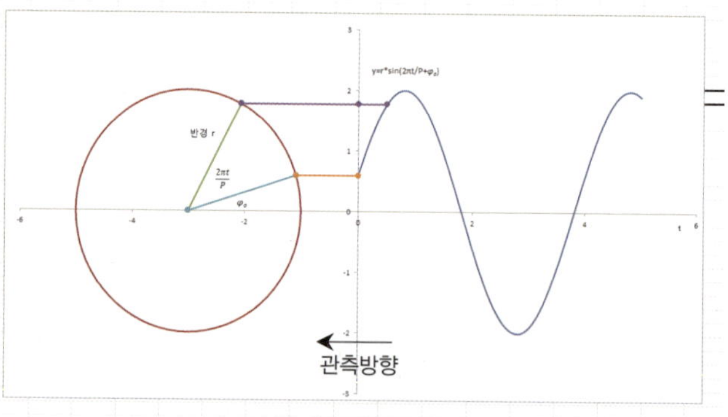

| 그림 7-2 | sin 함수

태양 자전 모델의 응용

화성이나 목성의 표면 무늬의 위치의 변화를 화성과 목성의 자전 모델로 설명할 수 있다. 이는 태양의 자전 모델과 동일하다. ❙그림 7-3❙은 화성의 먼지 폭풍 사진을 시간의 흐름에 따라 나열한 것이다. 화성 내부에서 일어나는 먼지 폭풍의 변화는 화성의 자전 속도에 비해 매우 느리다. 따라서 화성 먼지 폭풍의 변화를 통해 화성의 자전 주기를 구할 수 있다. ❙그림 7-4❙는 거의 10시간 이상에 해당하는 목성의 표면 모습의 변화를 보여준다. 세 번째와 네 번째의 목성 표면에 나타난 대적반의 위치 변화를 통해 목성의 자전 주기를 구할 수 있다.

❙그림 7-3❙ http://www.alpo-astronomy.org/jbeish/2005_DUST.htm

▌그림 7-4▌ https://saturn.jpl.nasa.gov/resources/7388/

목성의 위성인 갈릴레이 위성의 위치변화

이제 목성 주위를 공전하는 갈릴레이 위성들의 위치 변화에 대해 생각해 보자 ▌그림 7-12▌는 2017년 5월 10일부터 6월 1일까지 관측된 목성과 목성의 갈릴레이 위성들의 모습이다. 우리는 다섯 번째와 여섯 번째 질문에서 달이 지구 주위를 공전하고 있으며, 그 궤도가 원에 근접한 타원 궤도임을 보였다. 태양의 흑점이나 행성의 표면 무늬는 태양 혹은 행성 표면에 위치해 있기에 자전을 의미하지만, 목성의 위성들의 위치 변화는 공전을 의미한다. 하지만 이 위치 변화를 설명하는 수학적 모델은 동일하다.

수학적 모델 $x = r\sin\left(\frac{2\pi}{P}t + \varphi_o\right)$을 이용하여 ▌그림 7-5, 7-6, 7-7, 7-8▌에 있는 이오, 유로파, 가니메데, 칼리스토 위성의 공전 주기 P, 궤도 반경에 해당하는

r, 그리고 2017년 5월 1일에 각 위성의 위치에 해당하는 초기 φ_o값을 구할 수 있다. 관측 자료와 수학적 모델이 아주 잘 fitting되는 것을 볼 수 있다. 그리고 이 네 개의 위성들에 대한 r과 P를 $x = \log r$, $y = \log P$로 두고 그래프를 그리면, $y = 1.5x$의 추세선을 얻을 수 있다. 즉, $P^2 \propto r^3$인 케플러 제3법칙이 목성의 위성들에 대해서도 성립함을 볼 수 있다. 케플러의 제 3법칙은 이론적으로 $P^2 = \frac{4\pi^2}{GM} r^3$ 이기에 이를 이용하면 목성의 질량을 구할 수 있다. 적당한 값을 대입하여 이 자료를 이용하여 구한 목성의 질량은 실제 값과 거의 동일한 $1.899 \pm 0.005 \times 10^{27}$kg이다.

수학적 모델인 $x = r\sin\left(\frac{2\pi}{P}t + \varphi_o\right)$에 $t = 0$을 대입하면 2017년 5월 1일의 위치를 **❙그림 7-10❙**과 같이 나타낼 수 있고, 미래의 위성 위치 또한 적절한 t 값을 대입하면 **❙그림 7-11❙**과 같이 예측해낼 수 있다. 관측 기간이 20일 정도이기에 이 정도의 기간 동안에는 태양계 공간상에서 목성과 지구 사이의 거리 변화가 그리 크지 않을 것이다. 만약 오랫동안 관측한다면 각 목성과 지구 사이의 거리 변화에 따라 위성의 공전 반경과 공전 주기에 일부 변화가 있을 것으로 사료된다.

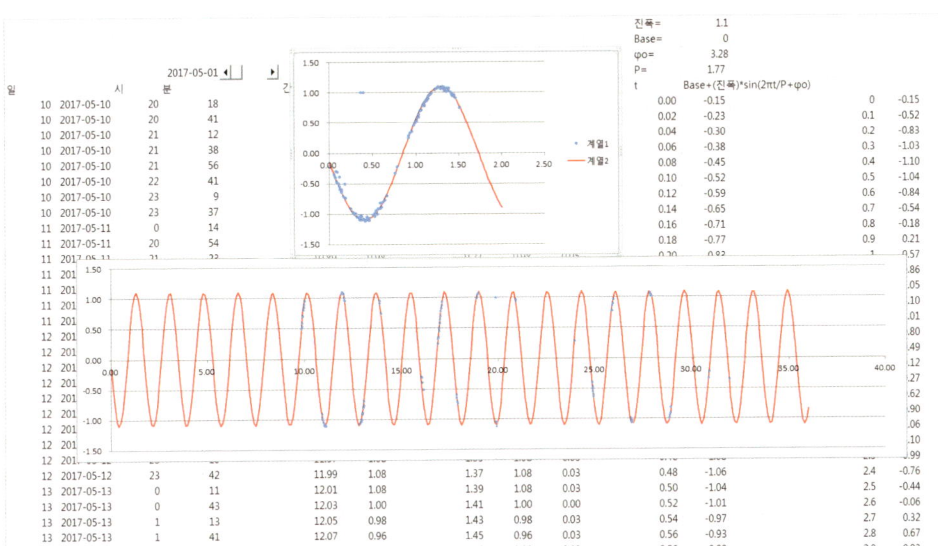

❙그림 7-5❙ 이오 위성의 공전

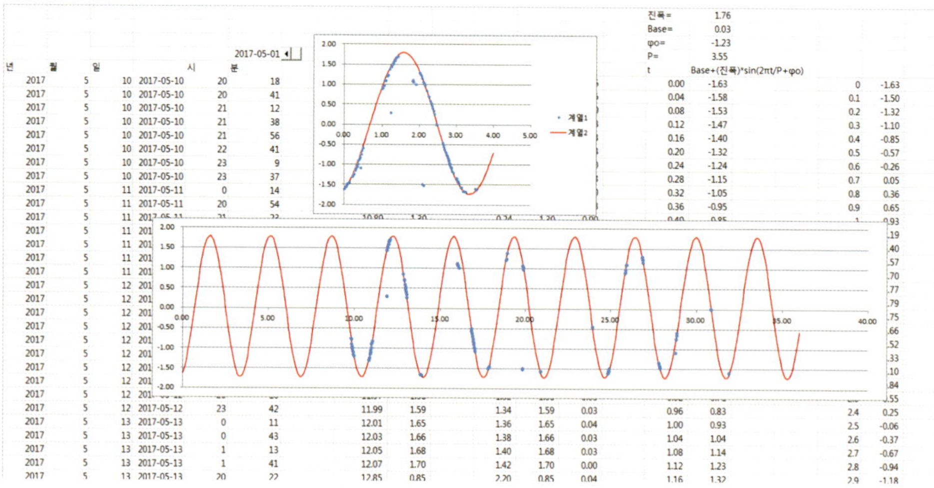

❙그림 7-6❙ 유로파 위성의 공전

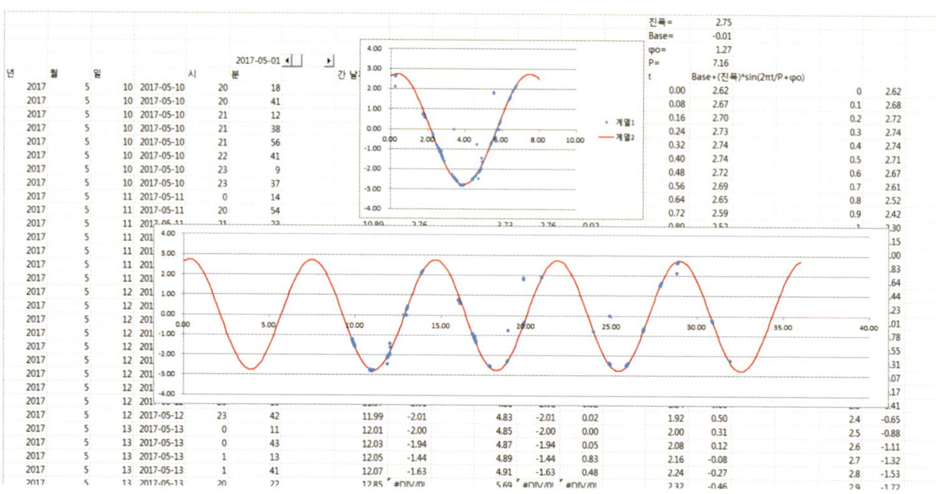

❙그림 7-7❙ 가니메데 위성의 공전

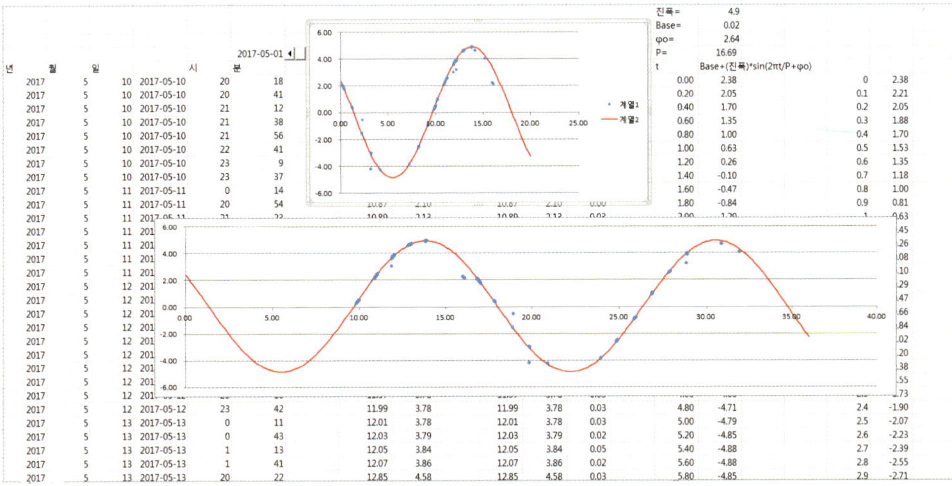

| 그림 7-8 | 칼리스토 위성의 공전

	진폭	P(일)		log(진폭)	log(P)	P^2/(진폭)^3	r(km)	P(일)	r(m)	P(sec)	M(kg)
이오	1.1	1.77	3.28	0.041393	0.247973	2.35379414	423011.1	1.77	423011109.7	152928	1.91E+27
유로파	1.76	3.55	-1.23	0.245513	0.550228	2.311632026	676817.8	3.55	676817775.5	306720	1.95E+27
가니메데	2.75	7.16	1.27	0.439333	0.854913	2.46506266	1057528	7.16	1057527774	618624	1.83E+27
칼리스토	4.9	16.69	2.64	0.690196	1.222456	2.367687783	1884322	16.69	1884322216	1442016	1.90E+27
				평균		2.375	G=	6.67E-11	평균		1.899E+27
				오차		0.065			오차		5.109E+25

1.1	421800	383454.5
1.76	671100	381306.8
2.75	1070400	389236.4
4.9	1882700	384224.5
평균		384555.6

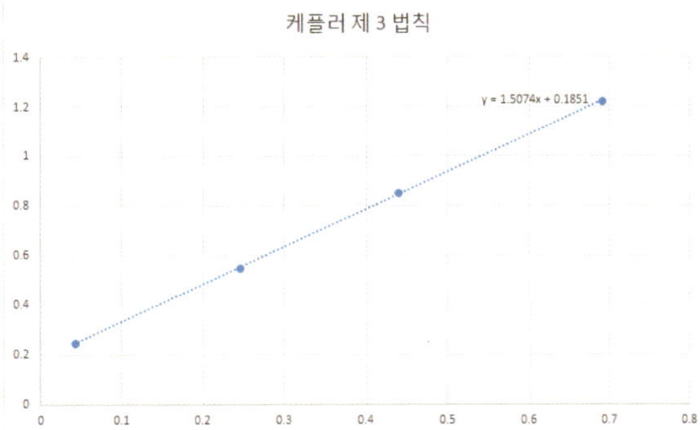

| 그림 7-9 | 목성의 위성을 이용한 케플러 제 3법칙 증명

0								
◀ ▶	17-5-1 오전 12:00	17-5-1 오전 12:00						
0	-0.151762454	1.089480683	-1.65878	-0.58826	2.626527	-0.81477	2.356031	4.296408
	이오		유로파		가니메데		칼리스토	
t	x	y	x	y	x	y	x	y
0	-0.151762454	1.089480683	-1.65878	-0.58826	2.626527	-0.81477	2.356031	4.296408
0.2	-0.825225299	0.727326066	-1.35202	-1.12678	2.728445	-0.34364	2.026173	4.46146
0.4	-1.099914611	0.013705752	-0.87762	-1.52558	2.746533	0.138046	1.684834	4.601232
0.6	-0.843092304	-0.70653759	-0.29438	-1.73521	2.680237	0.615493	1.333948	4.714932
0.8	-0.178862594	-1.085360849	0.325353	-1.72967	2.531593	1.074029	0.975503	4.801916
1	0.571798869	-0.939705301	0.904746	-1.50965	2.305168	1.499567	0.611531	4.86169
1.2	1.046150025	-0.339956062	1.371949	-1.10243	2.007919	1.879032	0.244094	4.893916
1.4	1.014970218	0.424070109	1.66903	-0.55851	1.648978	2.200766	-0.12473	4.898412
1.6	0.493326461	0.983172926	1.759151	0.05466	1.239375	2.454883	-0.49284	4.875152
1.8	-0.266707389	1.067177197	1.631136	0.661056	0.791693	2.633576	-0.85816	4.824268
2	-0.897860255	0.635489545	1.300859	1.185481	0.319686	2.731355	-1.21862	4.746048
2.2	-1.095140208	-0.103285651	0.809276	1.562905	-0.16214	2.745216	-1.57217	4.640935
2.4	-0.763215675	-0.792150133	0.217341	1.746529	-0.63899	2.674732	-1.91682	4.509525
2.6	-0.062482514	-1.098223991	-0.40154	1.713582	-1.0962	2.52207	-2.2506	4.352562
2.8	0.668444066	-0.873603188	-0.97064	1.46815	-1.51974	2.29192	-2.57163	4.170937
3	1.076358491	-0.22683121	-1.41937	1.040667	-1.89658	1.991353	-2.87809	3.965677
3.2	0.964144319	0.529552389	-1.6921	0.48414	-2.21515	1.629603	-3.16824	3.737947
3.4	0.386026791	1.030040444	-1.75501	-0.13242	-2.46566	1.217785	-3.44044	3.489037
3.6	-0.378630422	1.032782167	-1.6003	-0.73256	-2.64042	0.768552	-3.69314	3.220356
3.8	-0.960322097	0.536452673	-1.24715	-1.24186	-2.73406	0.295705	-3.92492	2.933428
4	-1.077957428	-0.219106787	-0.73935	-1.59717	-2.74369	-0.18623	-4.13446	2.629877
4.2	-0.674691507	-0.868787299	-0.13987	-1.75443	-2.66902	-0.66244	-4.32057	2.311426
4.4	0.054605518	-1.098643817	0.476948	-1.69414	-2.51235	-1.11829	-4.4822	1.979877
4.6	0.757515525	-0.797602802	1.034628	-1.42378	-2.2785	-1.53979	-4.61843	1.637109
4.8	1.094371385	-0.11113627	1.464013	-0.97686	-1.97463	-1.91398	-4.72849	1.285065
5	0.902394279	0.629034629	1.711861	-0.40882	-1.6101	-2.22937	-4.81176	0.925739
5.2	0.274353283	1.065237193	1.747436	0.20992	-1.1961	-2.47626	-4.86776	0.561168

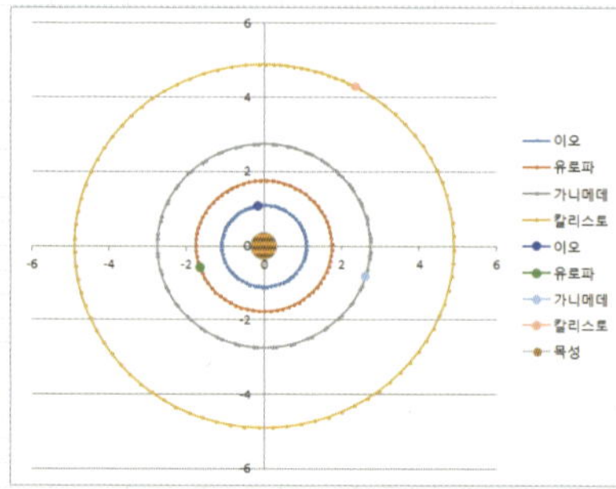

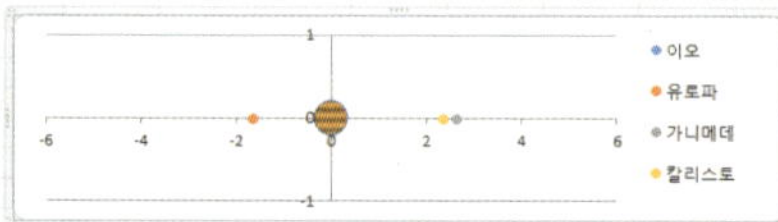

▌그림 7-10▐ 2017년 5월 1일 각 위성의 위치

1532								
◀ ▶	17-5-1 오전 12:00	17-6-1 오후 10:00						
31.91667	-0.366383557	1.037189997	-1.69058	-0.48943	-2.31969	1.476997	4.25642	2.427528
	이오		유로파		가니메데		칼리스토	
t	x	y	x	y	x	y	x	y
0	-0.151762454	1.089480683	-1.65878	-0.58826	2.626527	-0.81477	2.356031	4.296408
0.2	-0.825225299	0.727326066	-1.35202	-1.12678	2.728445	-0.34364	2.026173	4.46146
0.4	-1.099914611	0.013705752	-0.87762	-1.52558	2.746533	0.138046	1.684834	4.601232
0.6	-0.843092304	-0.70653759	-0.29438	-1.73521	2.680237	0.615493	1.333948	4.714932
0.8	-0.178862594	-1.085360849	0.325353	-1.72967	2.531593	1.074029	0.975503	4.801916
1	0.571798869	-0.939705301	0.904746	-1.50965	2.305168	1.499567	0.611531	4.86169
1.2	1.046150025	-0.339956062	1.371949	-1.10243	2.007919	1.879032	0.244094	4.893916
1.4	1.014970218	0.424070109	1.66903	-0.55851	1.648978	2.200766	-0.12473	4.898412
1.6	0.493326461	0.983172926	1.759151	0.05466	1.239375	2.454883	-0.49284	4.875152
1.8	-0.266707389	1.067177197	1.631136	0.661056	0.791693	2.633576	-0.85816	4.824268
2	-0.897860255	0.635489545	1.300859	1.185481	0.319686	2.731355	-1.21862	4.746048
2.2	-1.095140208	-0.103285651	0.809276	1.562905	-0.16214	2.745216	-1.57217	4.640935
2.4	-0.763215675	-0.792150133	0.217341	1.746529	-0.63899	2.674732	-1.91682	4.509525
2.6	-0.062482514	-1.098223991	-0.40154	1.713582	-1.0962	2.52207	-2.2506	4.352562
2.8	0.668444066	-0.873603188	-0.97064	1.46815	-1.51974	2.29192	-2.57163	4.170937
3	1.076358491	-0.22683121	-1.41937	1.040667	-1.89658	1.991353	-2.87809	3.965677
3.2	0.964144319	0.529552389	-1.6921	0.48414	-2.21515	1.629603	-3.16824	3.737947
3.4	0.386026791	1.030040444	-1.75501	-0.13242	-2.46566	1.217785	-3.44044	3.489037
3.6	-0.378630422	1.032782167	-1.6003	-0.73256	-2.64042	0.768552	-3.69314	3.220356
3.8	-0.960322097	0.536452673	-1.24715	-1.24186	-2.73406	0.295705	-3.92492	2.933428
4	-1.077957428	-0.219106787	-0.73935	-1.59717	-2.74369	-0.18623	-4.13446	2.629877
4.2	-0.674691507	-0.868787299	-0.13987	-1.75443	-2.66902	-0.66244	-4.32057	2.311426
4.4	0.054605518	-1.098643817	0.476948	-1.69414	-2.51235	-1.11829	-4.4822	1.979877
4.6	0.757515525	-0.797602802	1.034628	-1.42378	-2.2785	-1.53979	-4.61843	1.637109
4.8	1.094371385	-0.11113627	1.464013	-0.97686	-1.97463	-1.91398	-4.72849	1.285065
5	0.902394279	0.629034629	1.711861	-0.40882	-1.6101	-2.22937	-4.81176	0.925739
5.2	0.274353283	1.065237193	1.747436	0.20992	-1.1961	-2.47626	-4.86776	0.561168
5.4	-0.486263421	0.986685302	1.566329	0.802629	-0.74535	-2.64706	-4.89618	0.193416
5.6	-1.011903105	0.431337579	1.190996	1.295812	-0.2717	-2.73654	-4.89686	-0.17543
5.8	-1.048560959	-0.332445356	0.667979	1.628313	0.210295	-2.74195	-4.86979	-0.54328
6	-0.578522814	-0.935580757	0.062132	1.758903	0.685832	-2.66311	-4.81513	-0.90806
6.2	0.171074848	-1.08661557	-0.55142	1.671388	1.140297	-2.50244	-4.73318	-1.26769

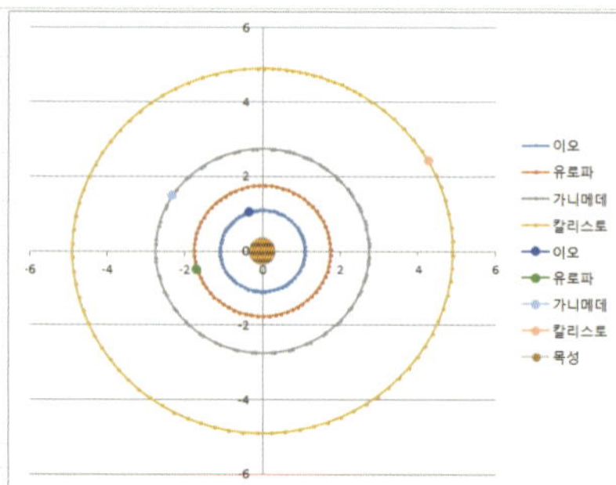

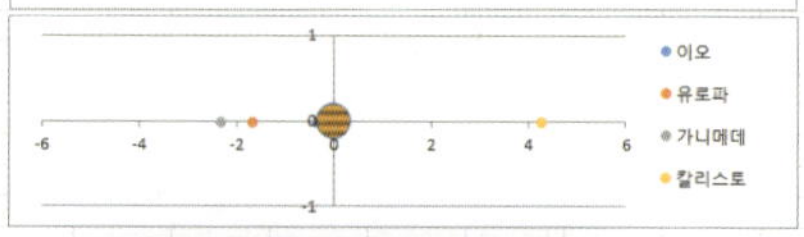

▌그림 7-11▐ 2017년 6월 1일 오후 10시경. 수학적 모델의 예측과 실제 관측과의 비교

| 그림 7-12 | 2017년에 관측한 목성의 갈릴레이 위성

5월 10일 20시 18분

G E C I

5월 10일 20시 41분

G E C I

5월 10일 21시 12분

G E C I

5월 10일 21시 38분

G E C I

5월 10일 21시 56분

G E C I

5월 10일 22시 41분

G E C I

5월 10일 23시 9분

G E C I

5월 10일 23시 37분

G E C I

5월 11일 0시 14분

G E C I

5월 11일 20시 54분

G E I C

5월 11일 21시 23분

G E I C

5월 11일 21시 52분

G E I C

5월 11일 22시 48분

G EI C

5월 11일 23시 22분

G EI C

5월 11일 23시 49분

G IE C

5월 12일 00시 25분

G IE C

5월 12일 00시 52분

G IE C

5월 12일 01시 22분

G I E C

5월 12일 1시 52분

G I E C

5월 12일 21시 5분

G I E C

5월 12일 21시 43분

G I E C

5월 12일 22시 13분

G I E C

5월 12일 22시 43분

G I E C

5월 12일 23시 10분

G I E C

5월 12일 23시 42분

G I E C

5월 13일 00시 11분

G I E C

5월 13일 00시 43분

G I E C

5월 13일 01시 13분

G I E C

5월 13일 01시 41분

G I E C

5월 13일 20시 22분

I E C

5월 13일 20시 59분

I E C

5월 13일 21시 34분

I E C

5월 13일 21시 52분

I E C

5월 13일 22시 39분

I E C

5월 13일 23시 22분

I E C

5월 13일 23시 47분

I G E C

5월 14일 0시 12분

I GE C

5월 14일 0시 47분

I EG C

5월 14일 01시 13분

I EG C

5월 14일 01시 43분

I EG C

5월 14일 20시 09분

E I G C

5월 14일 20시 31분

E I G C

5월 14일 20시 50분

E I G C

5월 14일 21시 25분

E I G C

5월 14일 21시 43분

E I G C

5월 15일 21시 54분

I E G C

5월 15일 22시 37분

I E G C

5월 16일 00시 25분

E G C

5월 16일 21시 31분

G E C

5월 16일 21시 58분

G E C

5월 16일 22시 31분

G E C

5월 16일 23시 02분

G E C

5월 16일 23시 33분

I G E C

5월 17일 00시 07분

I G E C

5월 17일 00시 30분

I G E C

5월 17일 01시 10분

I G E C

5월 17일 01시 44분

I G E C

5월 17일 02시 06분

I G E C

5월 17일 02시 39분

I G E C

5월 17일 3시 8분

I G E C

5월 17일 20시 12분

G E I C

5월 17일 20시 45분

G E I C

5월 17일 21시 13분

G E I C

5월 17일 21시 44분

G E I C

5월 17일 22시 12분

G E I C

5월 17일 22시 41분

G E I C

5월 17일 23시 10분

G E I C

5월 17일 23시 43분

G E I C

5월 18일 00시 12분

G E I C

5월 18일 00시 42분

G E I C

5월 18일 1시 10분

G E I C

5월 18일 1시 40분

G E I C

5월 18일 20시 6분

G E I C

5월 18일 20시 12분

G E I C

5월 18일 20시 42분

G E I C

5월 18일 21시 12분

G E I C

5월 18일 21시 49분

G E I C

5월 18일 22시 12분

G E I C

5월 19일 20시 12분

G C I E

5월 19일 20시 44분

G C I E

5월 19일 21시 15분

G C I E

5월 19일 21시 39분

G C I E

5월 19일 22시 11분

G C I E

5월 19일 22시 45분

G C I E

5월 20일 20시 16분

C I G E

5월 20일 20시 38분

C I G E

5월 20일 21시 11분

C I G E

5월 20일 21시 42분

C I G E

5월 20일 22시 08분

C I G E

5월 21일 20시 10분

C E I G

5월 21일 20시 47분

C E I G

5월 21일 21분 12분

C E I G

5월 21일 21시 26분

C E I G

5월 24일 21시 15분

C G

5월 24일 21시 49분

C G

5월 24일 22시 9분

C G E I

5월 25일 20시 19분

C G　　E　　　I

5월 25일 20시 25분

C G　　E　　　I

5월 25일 20시 48분

C G　　E　　　I

5월 25일 21시 13분

CG E I

5월 25일 21시 24분

CG E I

5월 25일 21시 41분

CG E I

5월 25일 22시 09분

C
G E I

5월 26일 20시 36분

G C IE

5월 26일 21시 08분

G C IE

5월 26일 21시 42분

G C IE

5월 26일 22시 09분

G C IE

5월 26일 22시 43분

G C IE

5월 27일 20시 32분

I G C E

5월 27일 20시 57분

I G C E

5월 27일 21시 26분

I G C E

5월 27일 21시 56분

I G C E

5월 28일 20시 16분

E I G C

5월 28일 20시 41분

E I G C

5월 28일 21시 11분

E I G C

5월 28일 21시 45분

E I G C

5월 28일 22시 14분

E I G C

5월 29일 20시 11분

I E G C

5월 29일 20시 40분

I E G C

5월 29일 21시 13분

I E G C

5월 29일 21시 42분

I E G C

5월 31일 20시 20분

I G C

5월 31일 20시 59분

GI C

5월 31일 21시 44분

G C

6월 1일 20시 31분

G E C

6월 1일 20시 58분

G E C

6월 1일 21시 29분

G E C

6월 1일 21시 58분

G E I C

보충 활동

천체 관측:
달, 목성, 토성 관측하기

인간은 냉혹한 자연 환경에서 살아남기 위해, 다른 세력과의 다툼에서 승리하기 위해 먼 곳에 있는 것을 안전한 곳에서 관찰하고 싶어 했다. 이러한 인간의 욕구를 채워주는 도구가 바로 망원경이다. 망원경은 우리 시각의 스펙트럼 범위를 확장하는 것이 아닌, 감지력을 증폭시킨 것으로 역사적으로 천체 관측용으로는 갈릴레이의 망원경이 가장 유명하다.

기본적인 망원경의 원리는 두 개의 렌즈를 적당한 거리만큼 떨어뜨려 놓았을 때 멀리 있는 물체가 크게 보인다는 것이다. 갈릴레이의 망원경 발명 이후 천체 망원경은 수많은 과학자들에 의해 개량과 진보가 이루어져 왔으며, 가격적인 측면에서 천체 망원경에 대한 접근성도 향상되었다. 현재 보급용 천체 망원경의 경우 개인 또는 학교에서도 많이 구비하고 있으며 많은 학생들이 비교적 손쉽게 천체 망원경을 접할 수 있게 되었다.

하늘을 보고, 별을 관찰하고 우주의 원리를 궁금해 하는 것은 인간이 오랫동안 반복해왔던 행위이다. 지금도 별보다 빛나는 눈으로 하늘을 바라보는 학생들이 이 책을 통해 조금 더 하늘을 가깝게 느낄 수 있었으면 한다.

망원경 조립

천체망원경의 설치장소는 가능하면 주위에 불빛이 없고 시야가 넓은 곳을 선정해야 한다. 지반은 망원경을 설치한 후에 가라앉는 일이 없는 단단한 땅이나 시멘트 위가 좋다. 그리고 사람이나 차량의 통행이 적어 관측에 방해를 주지 않는 곳이라면 더욱 바람직하다. 다음은 스카이워쳐 천체망원경의 조립 모습이다.

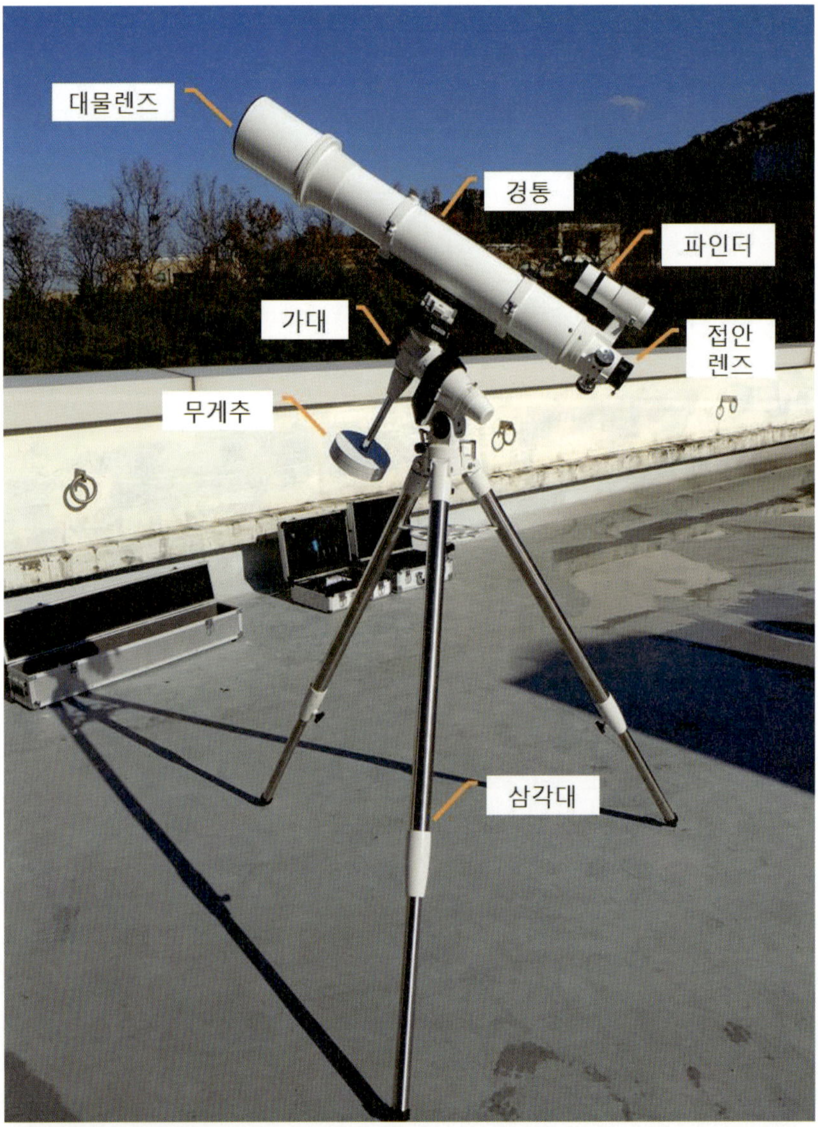

1. 삼각대 설치

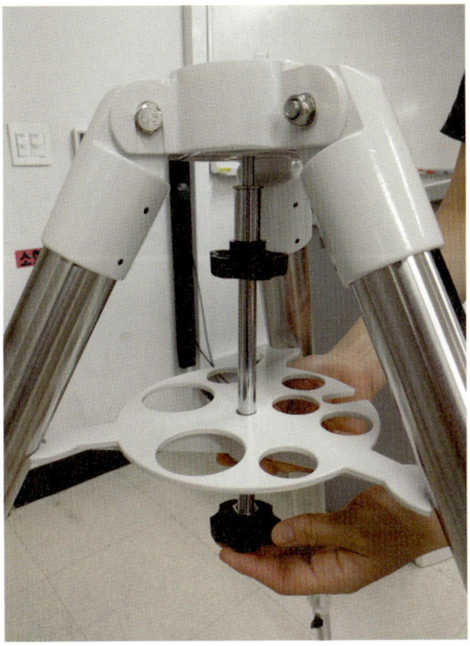

① 삼각대의 길이를 조정한다. 높이 조절나사를 풀어 적당한 높이로 조정한 후 조절 나사를 확실하게 조여 준다.

② 삼각대 위에 N으로 표시된 부분이 북쪽을 향하도록 삼각대를 설치하고 삼각대의 다리 부분은 가능한 넓게 펴서 흔들리지 않도록 한다.

③ 삼각대 아래 부분에 악세사리 선반을 설치한다.

2. 가대 설치

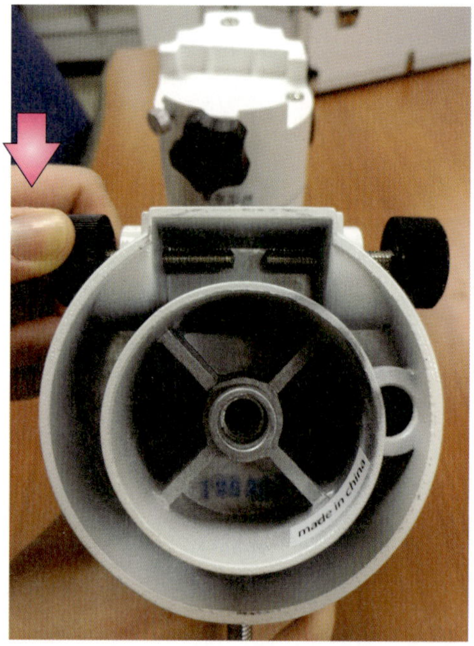

① 삼각대 위쪽에 가대와 맞물릴 홈과 가대의 위치를 확인하고 잘 맞추어 올려놓는다. 가대가 잘 끼워지지 않을 때는 방위각 조절나사를 충분히 풀어 놓고, 가대를 설치한 후에는 방위각 조절 나사를 단단히 잠가 둔다.

② 가대가 덜렁거리지 않도록 삼각대의 안쪽에 있는 가대 고정나사를 단단하게 잠가 둔다. 고정 나사를 잠근 다음, 가대를 위에서 살짝 누르며 다시 한 번 상태를 확인한다.

3. 무게추 연결

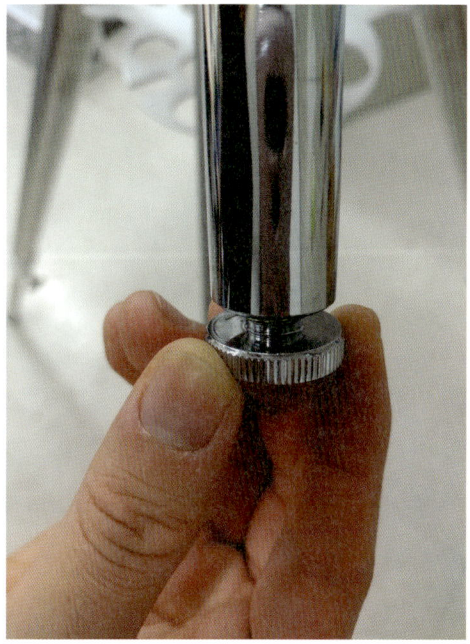

① 무게추 봉을 가대에 부착한다.

② 무게추 봉 끝부분에 있는 안전나사를 돌려 빼낸다.

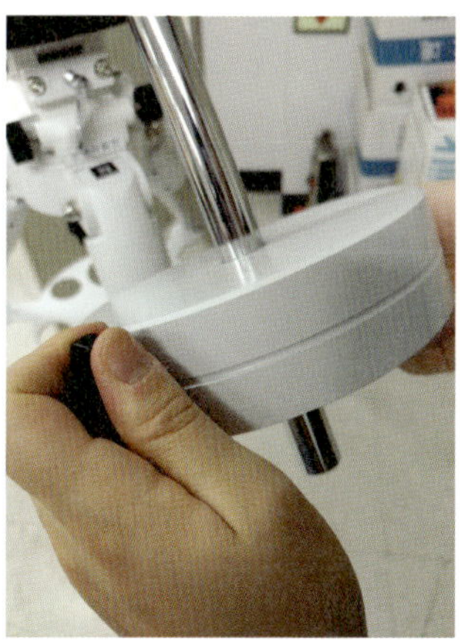
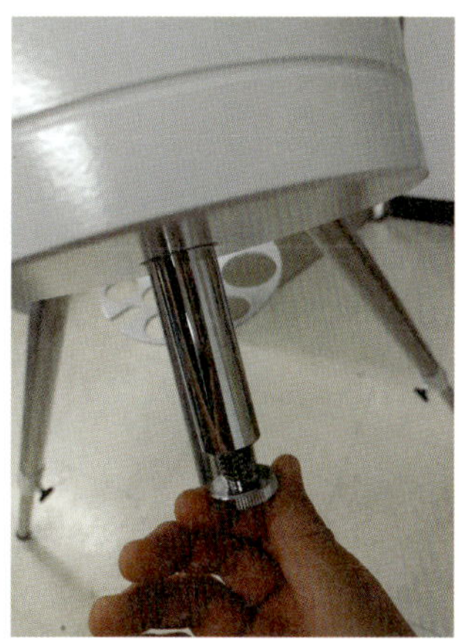

③ 무게추의 고정나사를 풀어 균형추를 봉에 끼운다.

④ 무게추의 고정나사를 조이고 안전나사를 다시 끼워 넣는다.

4. 경통 설치

 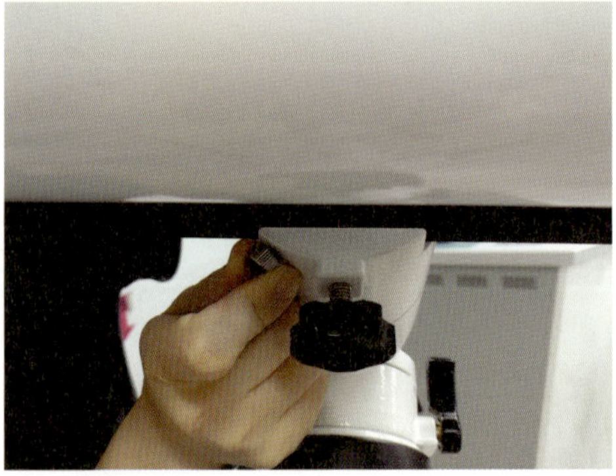

① 경통을 설치하기 전에 가대의 적경 클램프와 적위 클램프를 단단히 잠가 놓는다.
② 가대에 경통을 올리고 고정나사를 단단히 잠근 후 플레이트를 도브테일에 잘 맞추어 경통을 가대에 얹는다.
③ 홈의 위치를 확인한 후 도브테일과 플레이트를 맞추고 고정나사를 조인다.
④ 안전나사가 고정나사보다 아래인지 확인하고 고정나사를 조인다. 고정나사가 사선으로 아래에서 위로 경통이 미끄러지는 것을 방지해야 하기 때문이다.

5. 파인더 설치

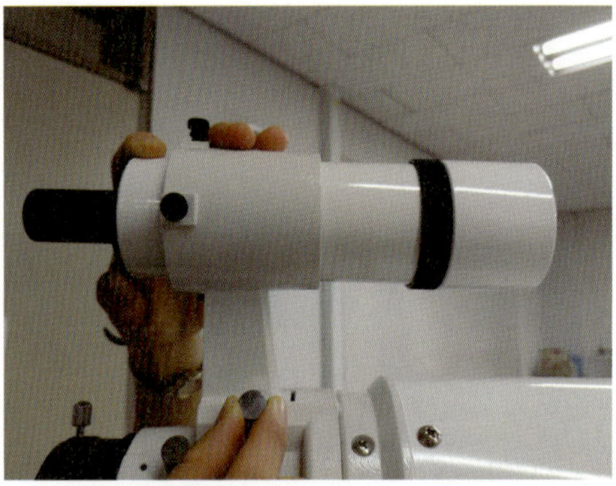

파인더를 경통에 끼운 후 파인더 브라켓 고정나사를 잠근다.

※ 만일 사진과 같이 파인더 브라켓에 파인더가 이미 들어가 고정되어 있지 않다면, 파인더 브라켓의 파인더 고정나사를 균형 있게 풀고 파인더를 브라켓에 넣은 후 고정나사를 균일하게 조여서 파인더를 고정시킨다.

6. 접안부 설치

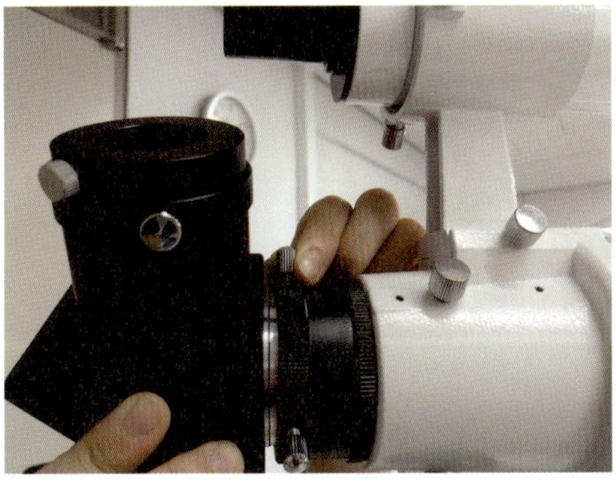

① 접안 어댑터에 접안렌즈를 끼우고 접안렌즈 고정나사로 고정한다. 그러나 천정부근을 볼 때 불편하다면 천정 미러를 설치하고 관측하는 것이 좋다.

② 경통 접안부에 천정 미러를 끼운다.

③ 천정 미러에 접안 어댑터를 끼워 고정시킨 후 여기에 접안렌즈를 끼우고 고정나사로 고정시킨다.

망원경 정렬법

1. 무게 균형 정렬

① 적경과 적위 클램프를 풀어 경통과 적위축이 수평이 되도록 망원경을 조정한다.

② 적경 클램프를 푼 채 무게추 고정나사를 풀어 무게추를 무게추봉에서 좌우로 움직이며 경통과 무게추의 균형을 맞춘다.

③ 균형이 맞는 위치에서 무게추 고정나사를 조인다.

④ 적경 클램프는 조이고, 적위 클램프만 풀어 놓는다. 이 상태에서 경통이 수평을 유지하고 움직이지 않아야 한다.

2. 파인더 정렬

① 저배율 접안렌즈를 끼운다.

② 망원경의 적경과 적위 클램프를 풀고 멀리 있는 대상(첨탑, 교회 십자가 등)을 접안렌즈 시야 중앙에 오도록 망원경을 조정한다.

③ 대상이 접안렌즈 시야 중앙에 위치하면 두 클램프를 잠가 망원경을 고정시킨다.

④ 망원경에서 보았던 대상을 파인더로 확인한다. 이 때 파인더가 한 쪽으로 쏠려 있는 경우에는 대상이 보이지 않을 수도 있다.

⑤ 망원경 시야 중앙에 있던 대상이 파인더 내의 십자선 중앙에 놓이도록, 나사를 풀고 조이면서 대상이 가운데에 놓이도록 조정한다. 나사를 풀고 조이는 작업은 세 나사 중 두 나사를 선택하기 때문에 각각 세 번씩 할 수 있다.

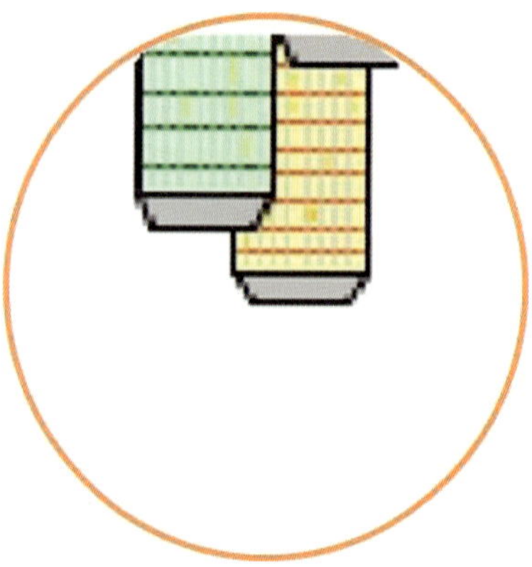

주망원경

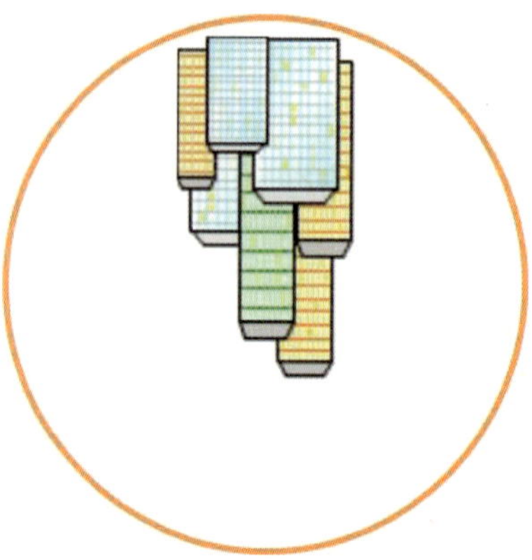

파인더

3. 극축 정렬

지구는 자전축을 중심으로 하루에 한 바퀴씩 서에서 동으로 자전하기 때문에 모든 천체는 천구의 극축을 중심으로 동에서 서로 일주운동을 한다. 적도의식 가대에서 적경축을 천구의 극축과 일치시키지 않으면, 적경축의 운동만으로 천체의 운행을 추적할 수 없다. 따라서 적도의식 가대를 쓸 경우 가대의 적경축을 천구의 극축과 맞추는, 극축 정렬을 하여야 한다.

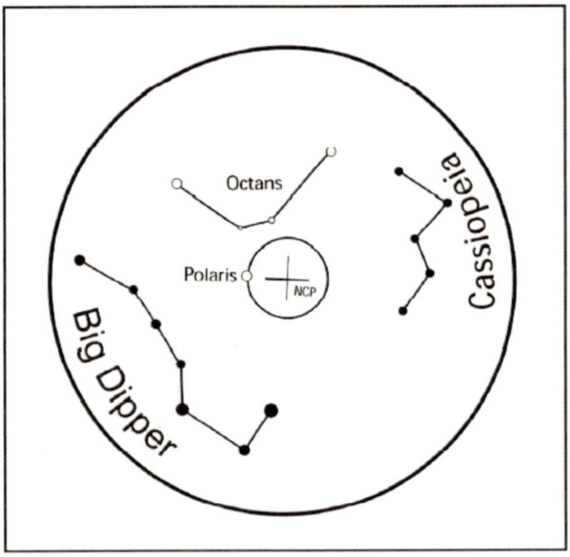

① 가대의 적경축이 북쪽을 향하도록 삼각대의 방향을 돌려놓는다. 이때 나침반을 쓸 수도 있지만, 나침반은 보조 도구로 대략적인 북쪽을 확인하는 용도로만 활용한다.

② 고도 조절나사를 이용하여 극축망원경의 고도가 그 지방의 위도와 같아지도록 조정한다. 서울의 경우 고도가 37.5°가 되도록 한다.

③ 극축망원경을 통해 북극성이 극축망원경 안에 들어오도록 삼각대를 움직여 조정한다. 이 경우 극축망원경의 시야가 적위축에 가려서 보이지 않을 경우는 적위축을 돌리면서 극축망원경의 광로를 위한 구멍이 적경축과 평행하게 되도록 조정하면 극축망원경의 시야가 열리게 된다.

④ 전원장치가 있는 경우 전원을 넣으면 극축망원경 내의 조명장치에 의해 북극성 정렬을 위한 표시 선들이 보인다. 이제부터는 방위각, 고도 조절나사를 이용하여 북극성을 극축망원경 안의 북극성 표시 위치에 들어가도록 조정한다. 극축망원경 내에 카시오페아와 북두칠성이 표시된 경우는 적경축을 회전시켜 관측 시간의 북두칠성과 카시오페아 자리의 방향과 일치하도록 한다. 극축망원경도 상이 반대로 보이는 도립상임을 유의한다.

SynScan 핸드컨트롤러를 이용한 망원경 제어

망원경의 가대 중에는 전동으로 움직이는 것도 있는데 이 책에서는 SynScan을 예로 들어 설명하도록 하겠다. SynScan의 경우 핸드컨트롤러의 간단한 조작만으로 가대 즉 망원경의 모든 움직임을 제어할 수 있으며 내장된 데이터 베이스를 탐색할 수 있다. 대신 처음 망원경을 사용하는 경우 가대를 핸드컨트롤러와 연결하고 초기 세팅에 어려움을 겪을 수도 있기 때문에 여기서는 핸드컨트롤러의 이용한 망원경 제어법을 알아보겠다.

1. 초기 세팅

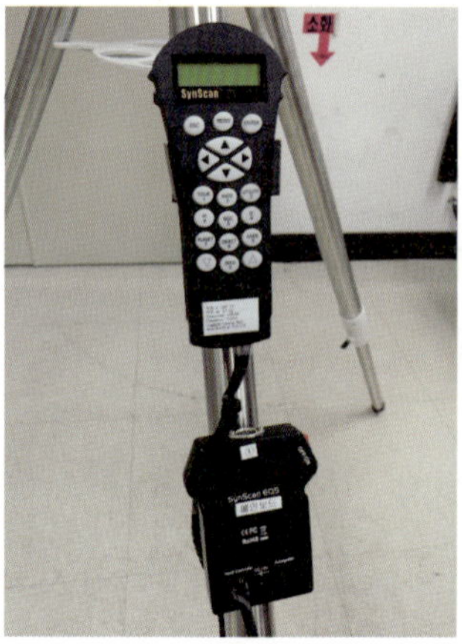
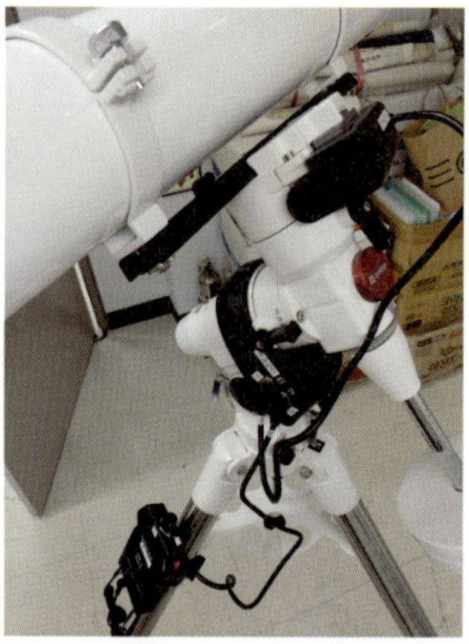
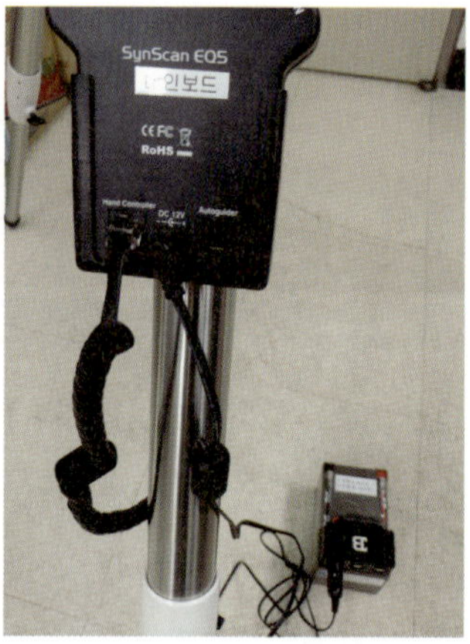

① 핸드컨트롤러를 SynScan의 메인보드와 연결한다.

② 메인보드를 가대와 연결한 후 직류전원의 코드를 SynScan 메인보드에 꽂는다.

③ 가대의 극축을 정렬한다. 망원경은 관측이 가능하도록 파인더 정렬 및 균형이 맞은 상태가 되어야 하며, 접안렌즈도 꽂혀있어야 한다.

④ 가대의 무게추는 바닥을 향하게 하고 경통은 북쪽을 향하도록 한다. 이 상태를 “Home position”이라 한다.

⑤ 메인보드 또는 가대에 위치한 전원스위치를 켠다.

2. 핸드컨트롤러 초기화

핸드컨트롤은 긴 비프음을 울리고, 펌웨어 버전을 표시한다.

- Enter를 눌러 다음 단계로 진행한다. ESC를 누르면 이전 단계로 돌아간다.
- 이 단계에서 사용자는 방향키로 가대를 구동할 수 있다.

3. 마운트 정렬(Alignment)

① 태양을 보지 말라는 경고 메시지를 표시한다.

② 경고메시지를 확인하고 Enter를 다음 단계로 진행한다. ESC를 누르면 이전 단계(펌웨어 버전 표시)로 돌아간다.

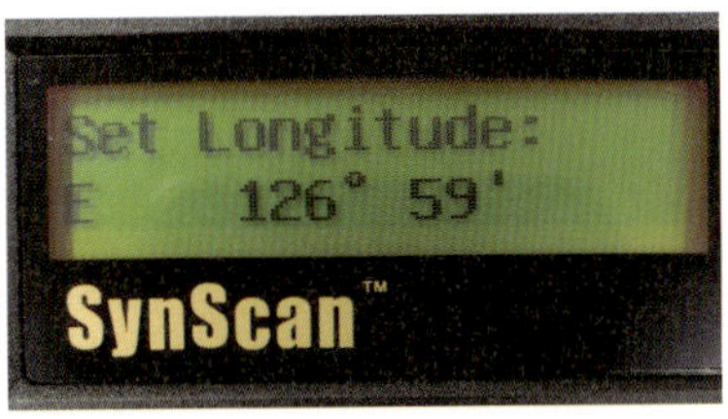

③ 지리좌표 입력: 커서가 있는 위치에서 숫자키를 사용하여 위도를 입력한다. 스크롤키를 사용하여 남북 위도를 변경한다.

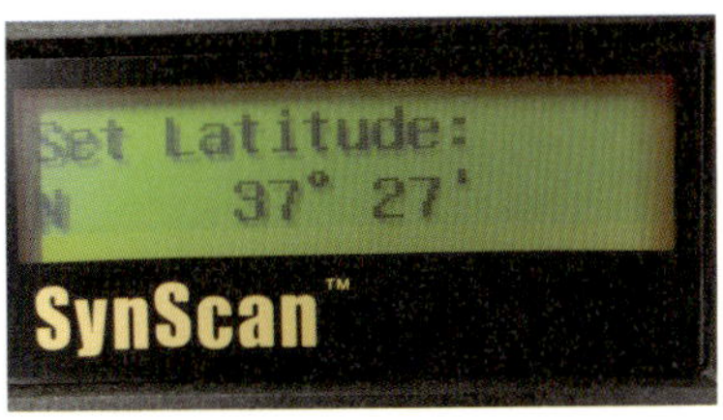

④ 지리좌표 입력: 커서가 있는 위치에서 숫자키를 사용하여 경도를 입력한다. Enter를 눌러 입력을 확인하고 다음 단계로 진행한다.

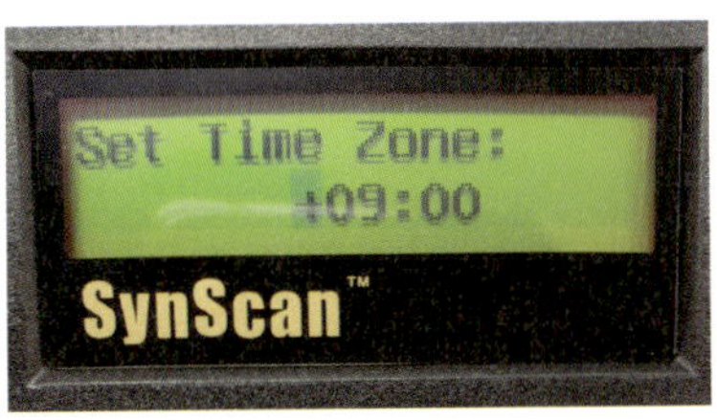

⑤ 지역시간 입력: +부호는 동반구(유럽, 아프리카, 아시아, 호주), −부호는 서반구(남북아메리카)의 타임존에 사용된다.
대한민국은 +09:00를 입력한다.

⑥ 고도 입력: 미터 단위의 고도를 입력한다.

⑦ 날짜 입력: 월 / 일 / 년도 순으로 날짜를 입력한다.

⑧ 시간 입력: 24시간 형식으로 현재 지역 시간을 입력한다.

⑨ 일광절약시간 여부: 썸머타임제의 여부를 묻는 것으로 대한민국에서는 썸머타임제를 하지 않으므로 NO를 선택하면 된다.

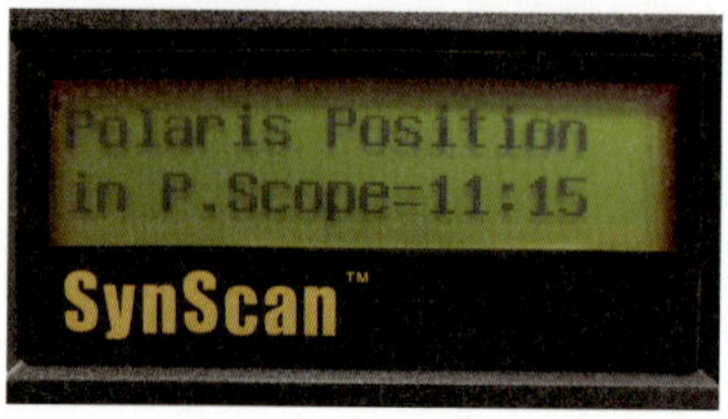

⑩ 북극성 위치 표시: 극축망원경 시야에서 북극성의 방위를 알려준다. 사용자는 꼭대기가 12:00로 된 시계의 면과 같이, 극축망원경의 시야를 큰 원으로 가상할 수 있으며, 극축망원경을 사용하여 극축정렬시 큰 원에서 HH:MM 형식으로 북극성의 위치를 입력한다.

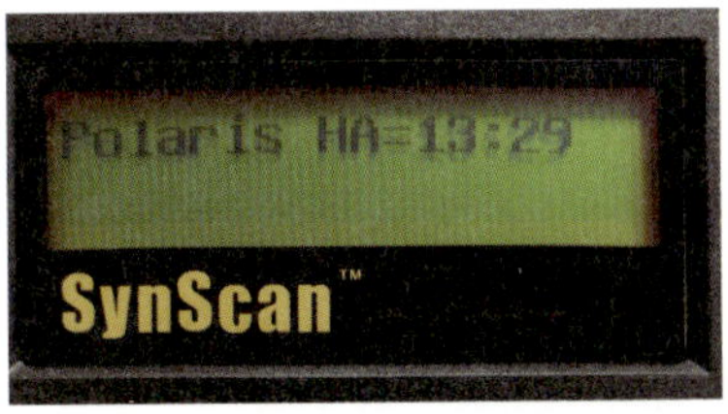

⑪ 여기에서는 Enter를 눌러 다음 단계로 진행한다.

⑫ 핸드컨트롤러 초기화의 마지막 단계로 가대(마운트) 정렬의 시작을 알린다. 1을 누르면 정렬 과정을 시작하며, 2를 누르면 정렬 과정을 건너뛴다.

SynScan이 관측대상 천체를 찾아가려면 우선 1개, 2개, 혹은 3개 기준 좌표(별)를 통해 기본적인 정렬을 이루어야 한다. 도입정밀도(pointing accuracy)에 따라 3가지(1별 정렬, 2별 정렬, 3별 정렬) 방법이 있다. 이 중 3별 정렬이 가장 정밀한 도입정밀도를 제공한다. 정렬을 하기 전에는 탐색경(파인더)과 주망원경이 반드시 정렬이 되어있어야 한다.

※ 천체의 자동도입정밀도를 높이기 위한 기준별 정렬 요령

- 1star: 천구의 적도 근처에 있는 별(즉 적위의 절대값이 작은 별)
- 2star: 1star와 자오선을 기준으로 같은 반구에 위치한 또 다른 별을 선택한다. 1star와는 적경이 3시간각 이상, 적위가 3도각 내지 60도각 차이가 나야 한다.
- 3star: 위의 1,2별과는 천구의 자오선 기준으로 다른 반구의 별을 선택한다. 1star 및 3star의 적위값 절대치 합산이 60도각 보다 크고 140도각 보다 작도록 한다.

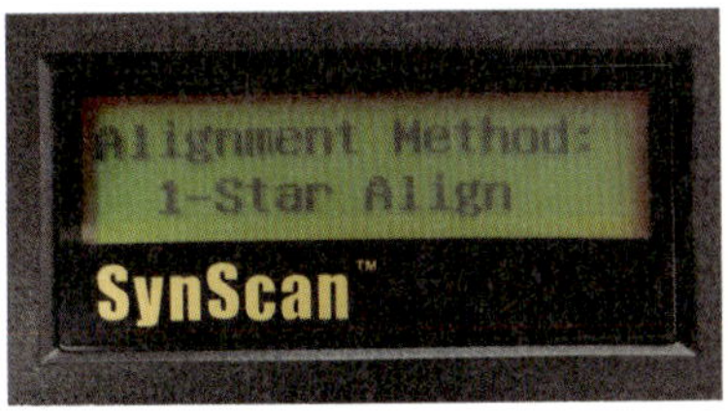

① 1별 정렬: 하나의 별로 정렬하는 방법이다.

② 2별 정렬: 2개의 별로 정렬하는 방법이다.

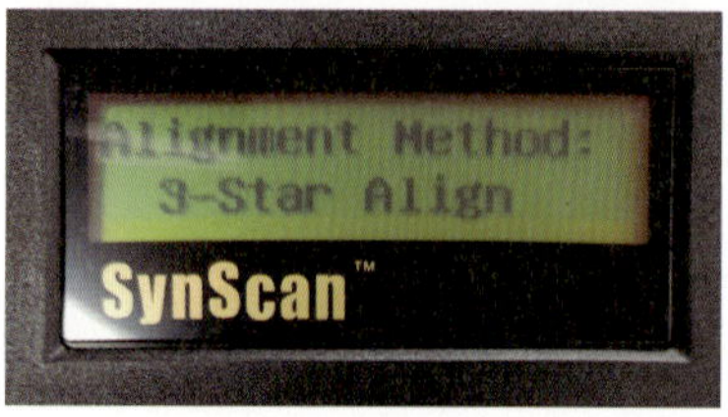

③ 3별 정렬: 3개의 별로 정렬하는 방법으로 가장 정밀한 정렬이 가능하다.

④ 스크롤키로 별이름 목록을 검색하여 화면상에서 1차 정렬할 별을 하나 선택하면 마운트는 자동으로 구동되어 망원경이 그 별의 위치로 향한다. 마운트가 정지하면 긴 비프음이 울린다. 이 후 방향키를 사용하여 파인더스코프 시야의 중앙에 1차 정렬별을 위치시킨 후, 망원경의 아이피스 시야에 별이 중앙에 오게 한 다음 Enter키를 눌러 중앙위치를 확인하고, 다음 단계로 진행한다.

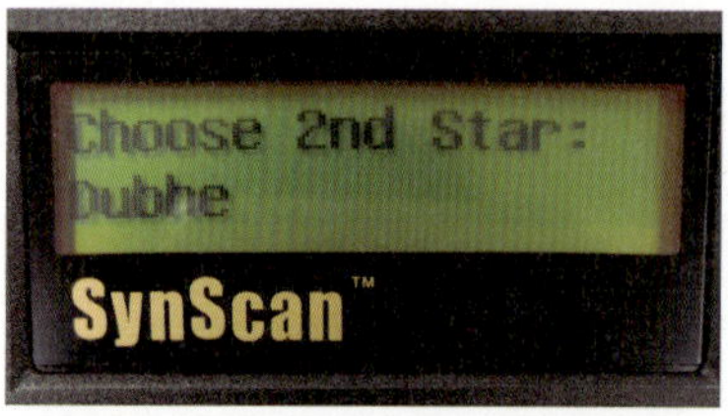

⑤ 2차 정렬별도 1차 정렬별과 마찬가지로 별을 선택 후 망원경의 아이피스 시야의 중앙에 별이 위치하도록 한다.

⑥ 3차 정렬별도 1,2차 별의 정렬과 동일하게 진행한다. 이후 “Alignment successful”이라고 화면에 표시된다.

4. 관측 대상 선택

일단 기준별에 대한 정렬이 완료되면 데이터베이스에 수록된 다양한 천체들을 검색할 수 있다. 그 중 이 책에서는 PLANET 단축키를 이용한 검색 방법을 소개하겠다.

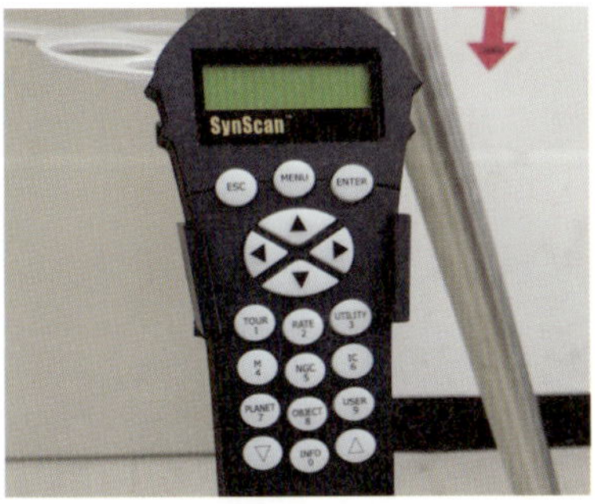

① 7번 PLANET(행성) 단축키를 누른다. 화면은 Solar system(태양계)을 윗줄에 표시한다. 스크롤키를 사용하여 아랫줄에 수성, 금성, 화성, 목성, 토성, 천왕성, 해왕성, 명왕성과 달을 포함한 별 이름 목록을 검색한다. Enter 키를 눌러 대상 중 하나를 선택한다.

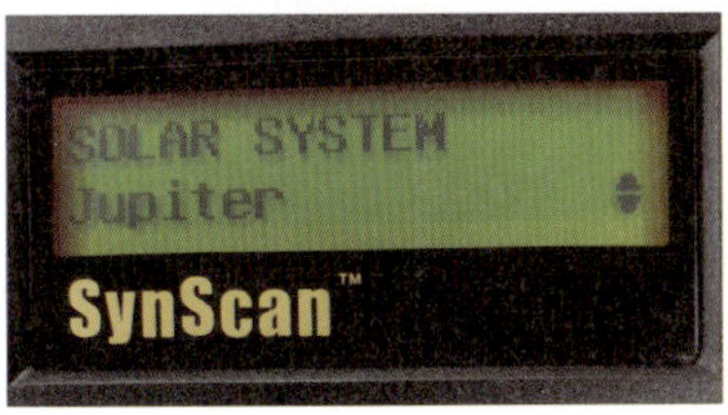

② 예를 들어 옆의 화면과 같이 Jupiter(목성)를 선택할 수 있다.

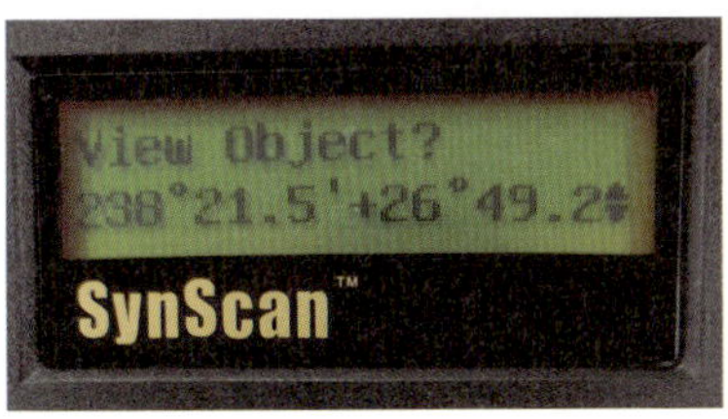

③ 선택한 대상의 현재 방위와 고도가 화면에 표시되며 이 대상을 관측할 것인지를 묻는다. 이때 Enter를 누르면 마운트는 자동으로 그 천체를 향해 움직인다. 이 후 파인더스코프 시야의 중앙에 대상을 위치시키고 망원경의 아이피스 시야의 중앙에 별이 오게 한 다음 관측한다.

Vixen 핸드컨트롤러를 이용한 망원경 제어

Vixen 망원경은 각 학교에 가장 많이 보급되어 있는 망원경으로, 핸드컨트롤러에 컬러디스플레이가 탑재되어 있어 별지도(Starmap)를 보면서 직접 GOTO를 할 수 있다. 이 책에서는 가장 최신 버전인 STARBOOK 10을 기준으로 핸드컨트롤러 이용법에 대해 설명을 할 것이다.

1. 초기 세팅

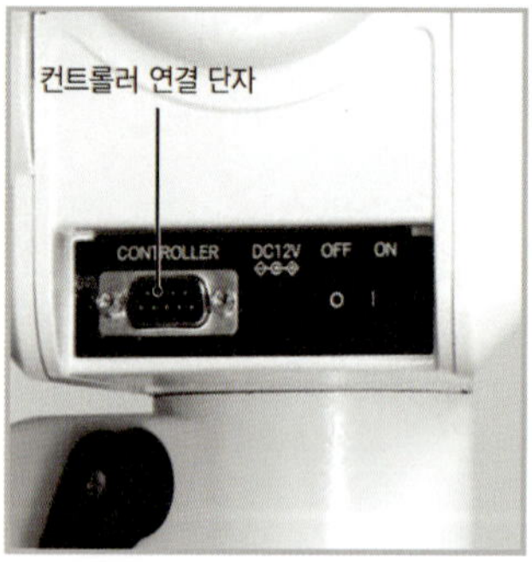

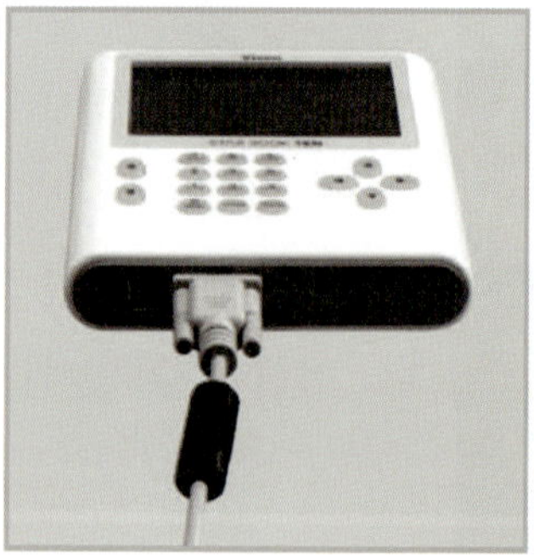

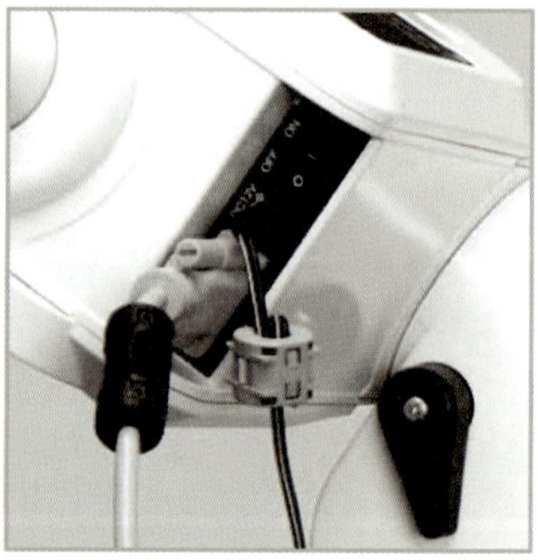

① 핸드컨트롤러를 Vixen 가대의 메인보드와 연결한다.

② 직류전원(12V)의 코드를 Vixen 가대의 메인보드에 꽂는다.

③ 가대의 극축을 정렬한다. 망원경은 관측이 가능하도록 파인더 정렬 및 균형이 맞은 상태가 되어야 하며, 접안렌즈도 꽂혀있어야 한다.

④ 가대의 무게추는 바닥을 향하게 하고 경통은 서쪽을 향하도록 한다. 이 상태를 "Home position"이라 한다.

⑤ 메인보드에 위치한 전원스위치를 켠다.

2. 핸드컨트롤러 초기화

메인보드의 전원을 켜면 핸드컨트롤러에 Vixen 로고가 표시된다.

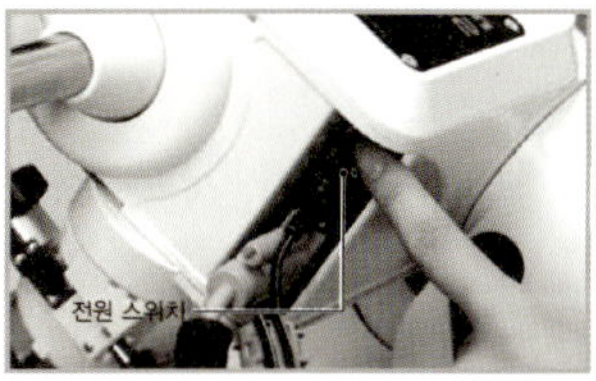

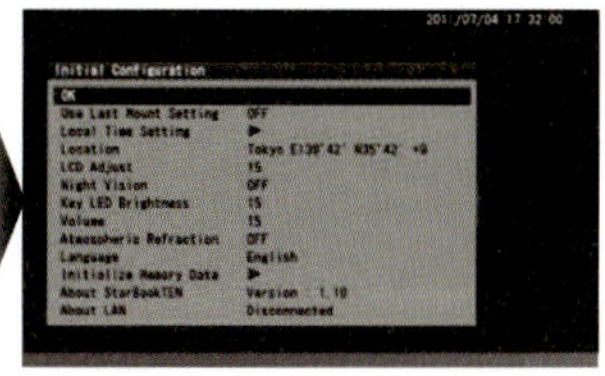

- 설정 화면이 등장하면, 현재 입력된 정보가 올바른지 확인하고 [OK]를 누른다.
- 만일 입력된 정보가 올바르지 않거나 새 제품을 이용하는 경우라면 아래와 같이 초기 설정을 진행한다.

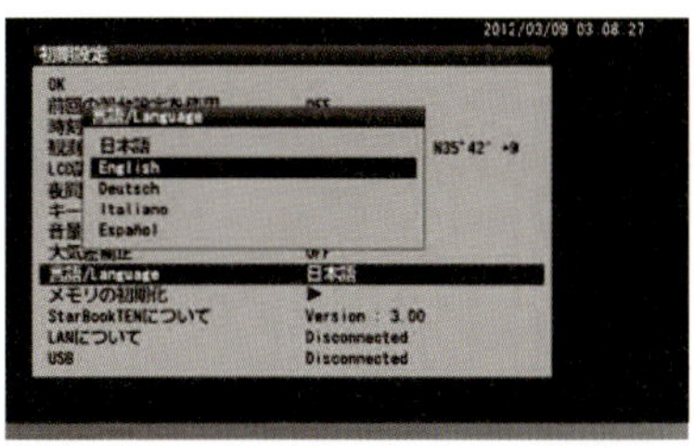

① 기본 언어는 日本語로 설정되어 있다. 이 책에서는 English를 기준으로 설명할 것이므로 [English]에 두고 (ENTER) 버튼을 누른다.

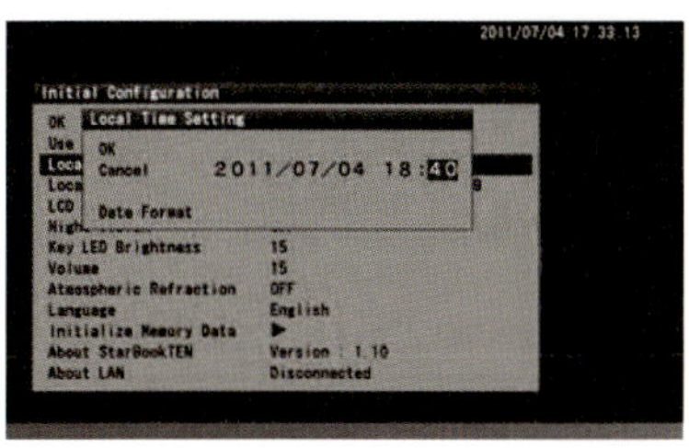

② 시간 설정: 망원경이 위치한 지역의 지방시를 입력한다.

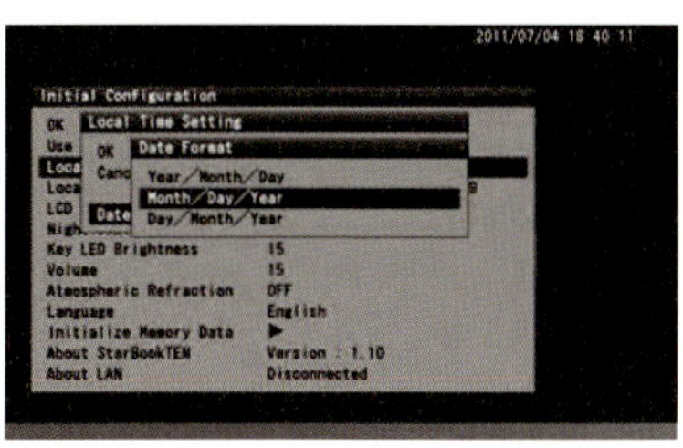

③ 날짜 형식: Date Format은 3가지 패턴 중에서 선택할 수 있다.

Year/Month/Day

Month/Day/Year

Day/Month/Year

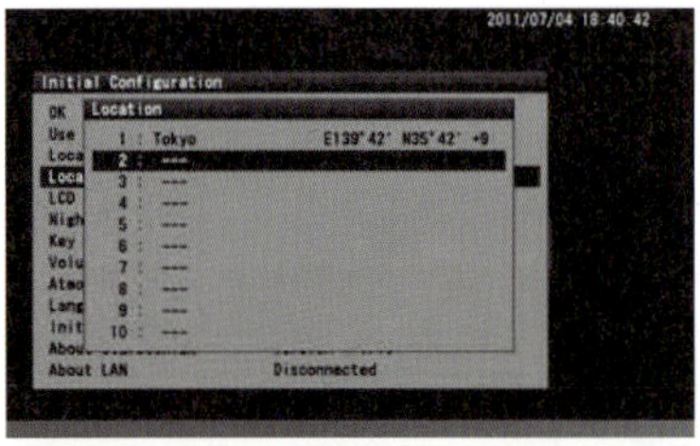

⑤ 지역 설정(등록 지역 선택): 망원경이 위치한 지역을 선택한다. 저장되어 있는 지역이 없다면 저장할 번호를 선택하여 새로 설정한다.

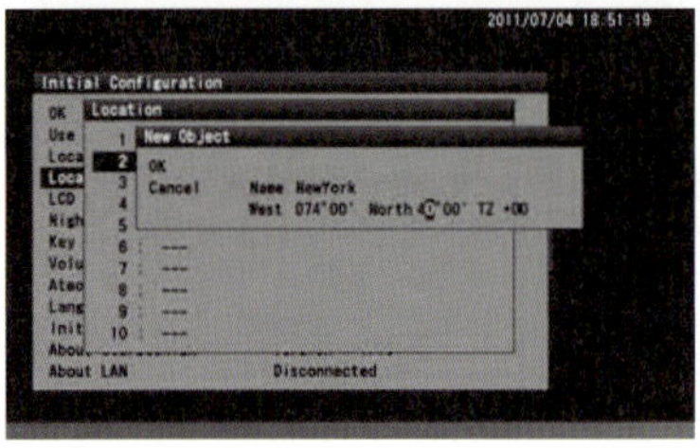

⑥ 지역 설정(지역 추가 및 변경): 망원경이 위치한 지역의 위도와 경도를 입력한다. 스마트폰 GPS앱을 이용하면 현재 위치의 정확한 위도 경도를 구할 수 있다.

지역시간(TZ)에서 +부호는 동반구(유럽, 아프리카, 아시아, 호주), −부호는 서반구(남북아메리카)의 타임존에 사용된다. 대한민국이라면 +09를 입력한다.

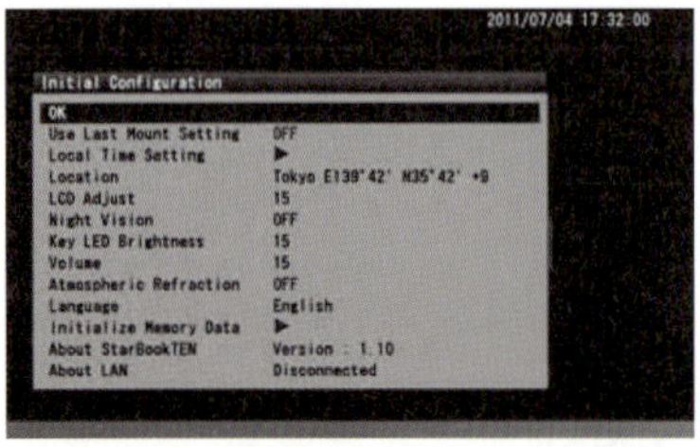

⑦ 설정 완료: 모든 설정이 끝났으면 [OK]를 선택한다.

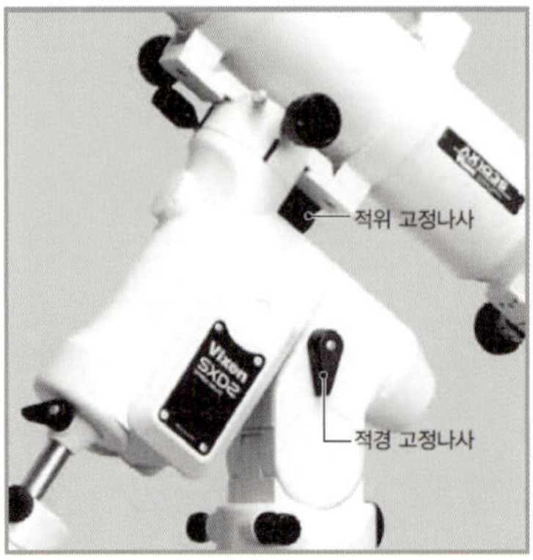

⑧ 망원경 고정: 망원경에 모터에 의해서만 움직일 수 있도록 적경, 적위 고정나사를 조인다.

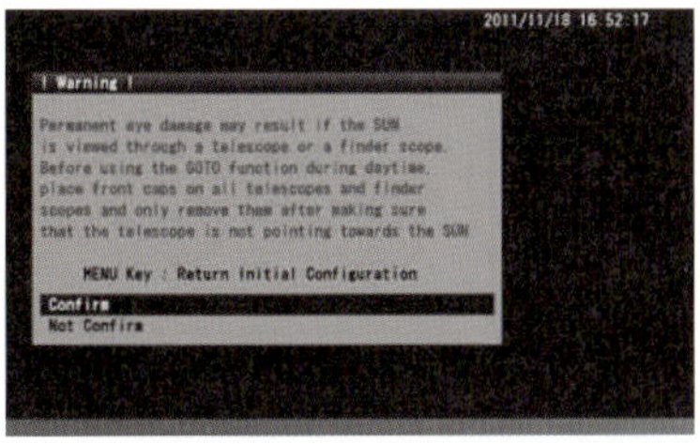

⑨ 태양을 보지 말라는 경고 메시지가 표시된다. 경고메시지를 확인하고 [Confirm]을 선택하여 다음 단계로 진행한다.

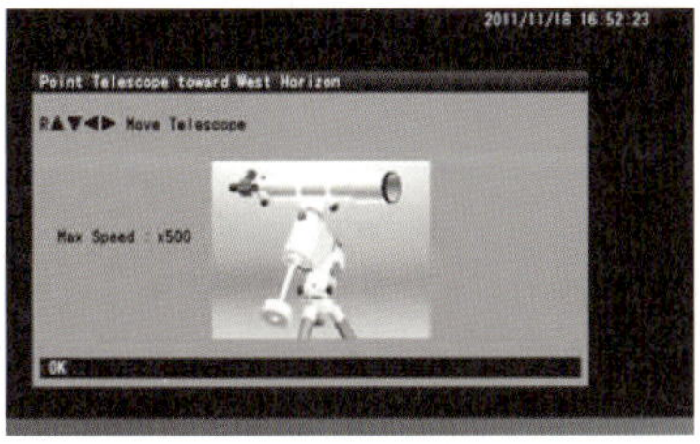

⑩ Home Position: 상하좌우 버튼을 조작하여 망원경이 서쪽 지평선을 향하도록 움직이고, [OK]를 선택한다.

* 매우 정확하게 서쪽을 가리키는 것은 불가능하다. 대략적으로 최대한 맞추기만 하면 된다.

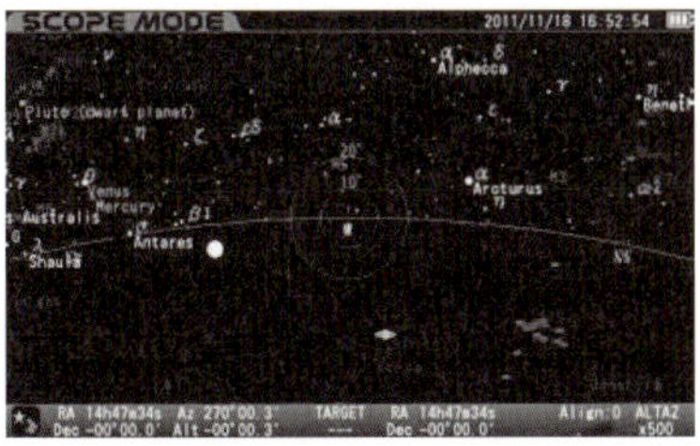

⑪ SCOPE MODE: 처음으로 SCOPE MODE화면이 나타난다. 이 모드에서는 현재 망원경이 바라보는 위치가 십자모양과 원으로 나타난다. 핸드컨트롤러의 상하좌우 버튼을 누르면 망원경이 바로 움직인다.

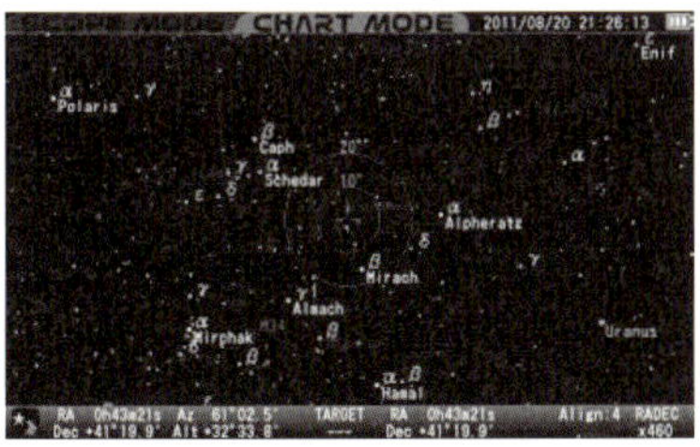

⑫ CHART MODE: (ENTER)를 누를 때 마다 SCOPE MODE와 CHART MODE가 번갈아서 바뀐다. CHART MODE는 망원경의 움직임과 무관하다. 핸드컨트롤러의 상하좌우 버튼을 움직여도 망원경이 움직이지 않는다. 이 모드는 GOTO할 천체를 찾는 데 이용된다.

3. 마운트 정렬(Alignment)

⑩에서 망원경의 Home Position을 대략적으로만 맞추었기 때문에, 좀 더 정교한 GOTO를 위해서는 정렬(alignment)이 필요하다. 현재 떠있는 별들 중 이름과 위치를 정확하게 알고 있고, 어느 정도 밝아서 찾기가 쉬운 별을 이용하여 마운트 정렬을 시행한다.

① SCOPE MODE 상태에서 (6 STAR) 버튼을 누른다.

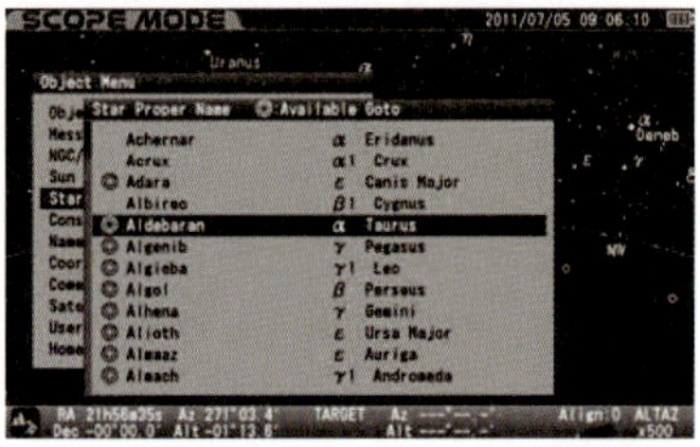

② 정렬하고자 하는 별을 목록에서 찾은 후 (ENTER)를 누른다.

* 별 이름 앞에 ◎ 표기가 되어 있는 별들이 현재 지상 위에 떠 있어서 GOTO가 가능한 별들이다.

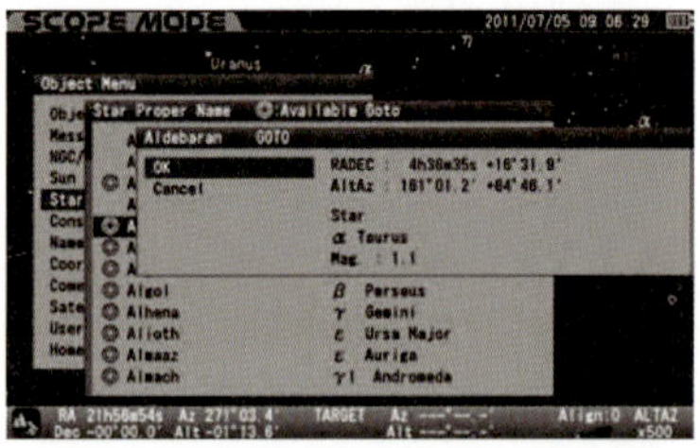

③ 별을 선택하면 해당별에 대한 정보가 간략하게 나타난다. [OK]를 선택하면 해당 별로 GOTO 된다.

⑤ 선택한 별로 망원경이 움직이고, 핸드컨트롤러 화면에는 현재 망원경이 가리키는 위치가 중심에 나타난다.

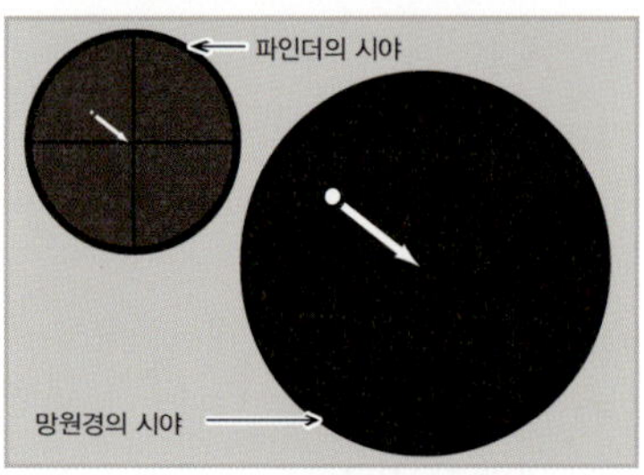

⑥ 상하좌우 버튼으로 망원경을 움직여서 파인더의 시야의 중심에 해당별을 놓는다. 그리고 망원경 시야의 중심에 해당별을 놓는다.

* 이미 정렬이 완벽하게 된 상태라면 망원경을 움직이지 않아도 해당 천체가 중앙에 바로 놓여있을 것이다.

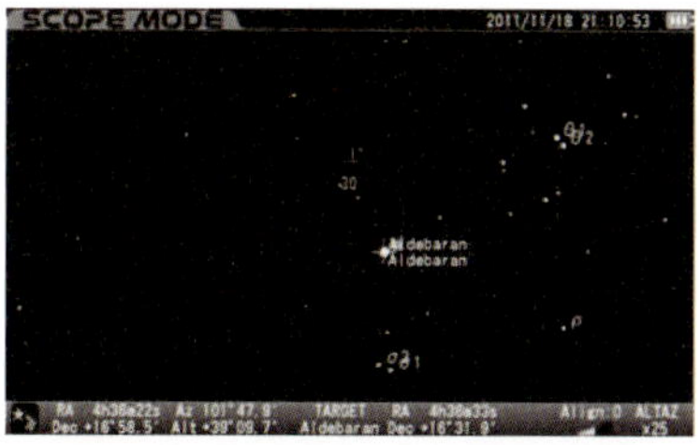

⑦ 핸드컨트롤러의 중심에 해당별이 놓여있지 않다.

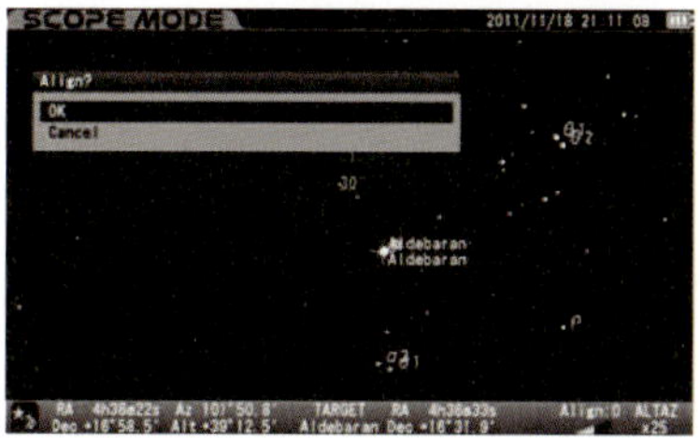

⑧ (9 ALIGN)을 누르고 [OK]를 선택하면 핸드컨트롤의 중심과 실제 망원경의 중심이 일치되도록 정렬된다.

⑨ 위와 같은 과정을 ⑥에서 망원경을 움직이지 않아도 천체가 중앙에 위치할 때까지 반복한다.

정렬시 유의점

- 위치를 정확하게 맞추기 위해 점상의 별로 정렬을 한다. 성운이나 성단은 시직경이 커서 정렬에 부적합하다.
- 10도 이상 떨어진 별들로 여러 번 정렬을 반복한다. 최대 20개 지점까지 정렬이 가능하다.
- 천구의 북극남극 부근의 별들로 정렬하는 것은 정확도 향상에 크게 도움이 되지 않는다.
- 지평선 부근의 별은 대기 조건에 따라 위치가 변화하기 때문에 정렬에 이용하기 부적절하다.
- 정렬에 대한 계산은 등록된 지점 중 가장 신뢰할만한 두 별을 이용하여 이루어진다.

4. 관측 대상 선택

일단 기준별에 대한 정렬이 완료되면 데이터베이스에 수록된 다양한 천체들을 검색할 수 있다.

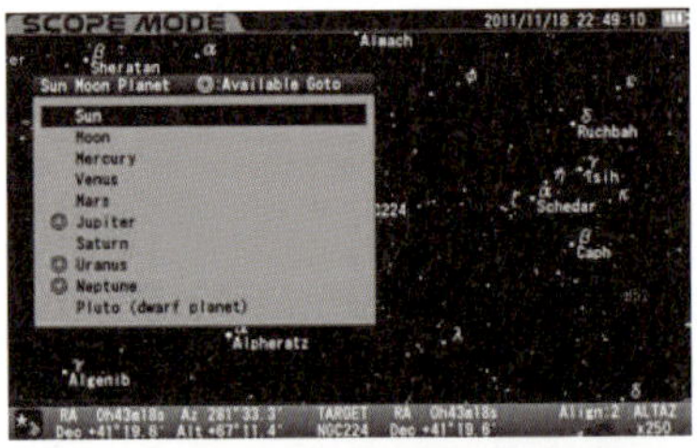

태양계

(1 SOLAR)를 누르면 태양, 달, 수성, 금성, 화성, 목성, 토성, 천왕성, 해왕성, 명왕성을 선택할 수 있다.

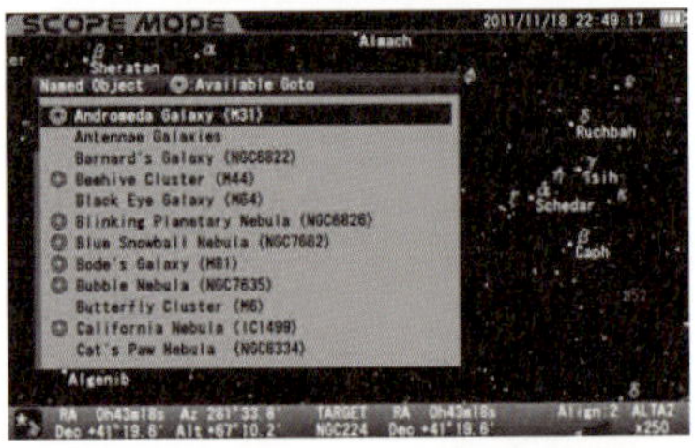

잘 알려진 천체

(2 NAMED)를 누르면 잘 알려져 있는 천체들을 선택할 수 있다.

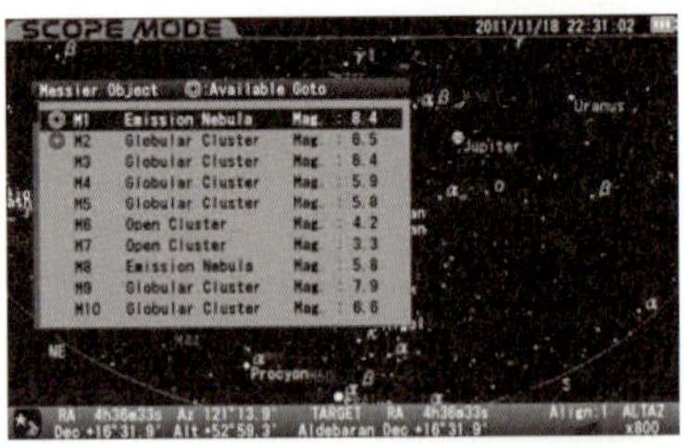

Messier 목록

(4 M)를 누르면 Messier 목록에 있는 천체들을 선택할 수 있다.

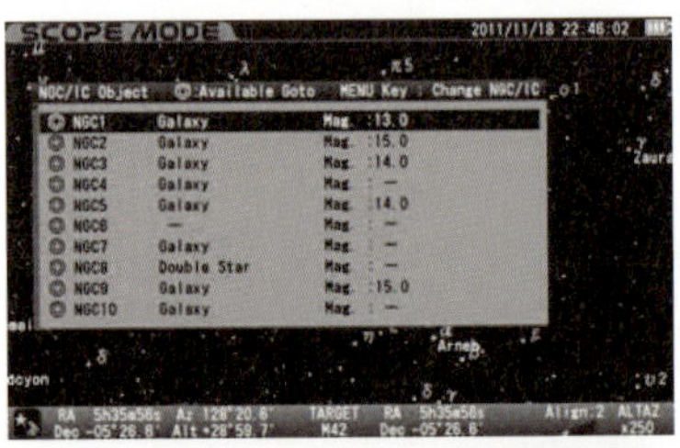

NGC/IC 목록

(5 NGC/IC)를 누르면 NGC, IC 목록에 있는 천체들을 선택할 수 있다.

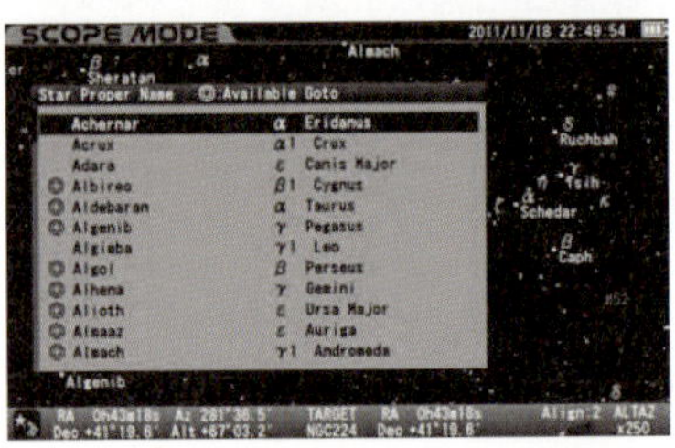

별

(6 STAR)를 누르면 SAO 목록에 있는 별들을 선택할 수 있다.

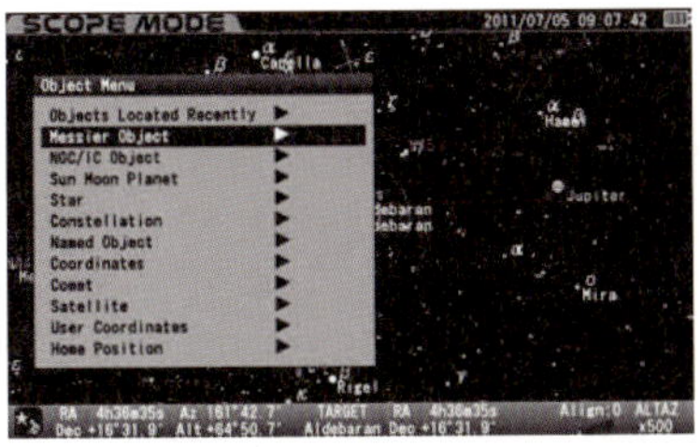

기타

(7 OBJECT)를 누르면 별자리, 유성, 인공위성 등을 선택할 수 있으며, 해당 천체의 좌표를 직접 입력할 수도 있다.

관측 활동

태양계의 구성원 중에 비교적 맨눈 관측이 가능하고, 작은 망원경으로 그 모습을 학생들이 직접 관측할 수 있는 천체는 태양(흑점, 홍염, 일식현상 등), 지구의 위성인 달(달의 분화구, 위상 변화, 일식 현상 등), 금성, 목성 및 목성의 갈릴레이 위성들, 토성 및 토성의 위성들, 그리고 혜성 등이다.

달 관측

오래전에 사람들은 우주의 중심에는 지구가 있고, 다른 천체가 지구 주위를 돌고 있다고 생각하였다. 또 하늘의 천체는 그 표면이 마치 유리구슬과 같이 매끄럽고 완벽한 구라고 생각하였다. 하지만 갈릴레이가 자신이 만든 망원경으로 달을 관찰하고 달의 표면이 매끄럽지 않다는 것을 발견하면서 이러한 우주관에 변화를 가져오게 되었다.

학생들이 촬영한 초승달

학생들이 촬영한 상현달

목성 관측

태양계의 5번째 궤도를 돌고 있는 목성은 태양계에서 가장 거대한 행성이다. 목성은 태양계 여덟 개 행성을 모두 합쳐 놓은 질량의 2/3이상을 차지하고 지름이 약 14만 3,000km로 지구의 약 11배에 이른다. 이 거대한 목성은 육안으로도 쉽게 발견할 수 있을 만큼 밝은데, 가장 밝을 때는 -2.5등급을 기록하기도 했다. 또한 목성은 옆은 고리를 가지고 있으며 유명한 네 개의 갈릴레이 위성을 포함해 많은 위성을 지니고 있다.

목성은 태양계의 모든 행성 중에 가장 거대한 구름의 소용돌이를 보여주기도 하는데 이를 대적점이라 한다. 그리고 목성의 표면에는 희거나 적갈색을 띤 띠가 있다.

학생들이 촬영한 목성

2017년 5월 10일 20시 18분
학생들이 촬영한 목성과 갈릴레이 위성(왼쪽에서 가니메데, 유로파, 칼리스토, 이오)

토성 관측

토성은 아름다운 고리를 가진 행성으로 많은 사랑을 받는 행성이다. 토성의 고리는 1610년 갈릴레이에 의해 처음 관측되었다. 하지만 망원경의 해상도가 낮아 확실한 모양을 몰랐다. 훗날 그가 죽은 뒤 약 50년 후인 1656년 네덜란드의 천문학자인 호이겐스(Christiaan Huygens)에 의해 그것이 고리라는 것이 밝혀졌다. 토성의 신비는 태양계 탐사 우주선 보이저(voyager) 1,2호에 의해 많이 밝혀졌다. 지금까지 밝혀진 토성의 위성은 수십 개이며, 그 가운데 신비한 위성 타이탄(titan)이 있다. 이 위성은 태양계의 다른 위성 중에서는 보기 힘든 짙은 대기로 감싸여 있다. 그리고 토성은 목성에 이어 태양계에서 두 번째로 크며, 직경은 지구의 약 9.5배, 질량은 약 95배이다. 그리고 태양으로부터 14억km 정도 떨어진 거리에서 약 9.7km/s의 속도로 공전하는데, 이는 지구 시간으로 대략 29.6년이나 걸린다.

학생들이 촬영한 토성

2017년 10월 20일 18시 42분
학생들이 촬영한 토성의 위성 타이탄. 그림에서 가장 왼쪽에 배경별이 있고, 두 번째 이미지가 타이탄, 그리고 토성은 너무 밝아 이미지가 타 버렸다.

같은 날 스텔라리움의 토성 이미지와 비교

지은이 소개

최 승 언 현: 서울대학교 지구과학교육과 교수(1985~)
전: 서울대학교 관악영재교육원 원장(2008~2016)
서울대학교 과학영재교육원 원장(2001~2006)
한국지구과학회 회장(2011)
홈페이지
개인: http://suchoe.snu.ac.kr
연구실: APHESE(새지평 과학교육연구 공동체) http://www.aphese.kr

양 슬 기 서울대학교 과학교육과(지구과학전공) 석사과정
대전도솔초등학교 교사

박 신 희 서울대학교 과학교육과(지구과학전공) 석사과정
송호초등학교 교사

가 석 현 서울대학교 지구과학교육과, 물리교육과 이학사
서울대학교 과학교육과(지구과학전공) 교육학석사
서울대학교 과학교육과(지구과학전공) 박사과정

모델링 학습과 함께하는 **천문 활동:**
태양계 천체의 궤도 운동

2018년 2월 5일 1판 1쇄 인쇄
2018년 2월 10일 1판 1쇄 발행

저 자 : 최승언, 양슬기
박신희, 가석현
펴낸이 : 한 정 주
펴낸곳 : 교육과학사

저자와의 협의하에 인지생략

경기도 파주시 광인사길 71
전화 (031) 955-6956~8 / 팩스 (031) 955-6037
Home-page : www.kyoyookbook.co.kr
E-mail : kyoyook@chol.com
등록 : 1970년 5월 18일 제2-73호

잘못된 책은 바꾸어 드립니다.
Printed in Korea.

정가 15,000 원
ISBN 978-89-254-1234-4